当代中国行政伦理制度化研究

Institutionalization of Administrative Ethics in Contemporary China

廖炼忠　著

人 民 出 版 社

责任编辑:陈寒节
装帧设计:朱晓东

图书在版编目(CIP)数据

当代中国行政伦理制度化研究/廖炼忠 著.—北京:人民出版社,
  2016.6
ISBN 978 – 7 – 01 – 015029 – 1

Ⅰ.①当…　Ⅱ.①廖…　Ⅲ.①行政学 – 伦理学 – 研究 – 中国
  Ⅳ.①B82 – 051

中国版本图书馆 CIP 数据核字(2015)第 153960 号

当代中国行政伦理制度化研究
DANGDAI ZHONGGUO XINGZHENG LUNLI ZHIDUHUA YANJIU

廖炼忠　著

人民出版社 出版发行
(100706　北京市东城区隆福寺街 99 号)

北京龙之冉印务有限公司印刷　新华书店经销

2016 年 6 月第 1 版　2016 年 6 月北京第 1 次印刷
开本:710 毫米×1000 毫米 1/16　印张:13.5
字数:244 千字　印数:0,001 – 1,500 册

ISBN 978 – 7 – 01 – 015029 – 1　定价:35.00 元

邮购地址:100706　北京市东城区隆福寺街 99 号
人民东方图书销售中心　电话:(010)65250042　65289539

总　序

一

　　20 世纪 70 年代末期，在西方，由于经济滞胀和政府失败的出现，引发了一场声势浩大的政府管理改革运动。这场政府改革运动随之在世界范围展开。至今，仍在世界范围内以特有的方式走向深入。

　　从政府管理的角度看，这场政府改革运动与传统上的政府改革最大的不同，不仅仅在于基于现实条件下更加深入地认识政府与市场、政府与社会的关系，确定现代市场经济条件下的政府职能，即解决政府干什么的问题，更在于在行政职能的输出方式，即对政府的行政方式进行探索，着重解决政府如何干的问题。这一场政府改革解决政府在市场经济条件下如何履行好自己的职能的问题，相当程度上是整个改革的一个主要内容和重大突破，其基本逻辑，是在强调政府管理的目标与价值的基础上，加强对公共产品属性的认识，确认了私人和市场参与公共产品生产和提供的必要与可能，进而创新了政府管理的方法与技术，在现实中整合社会资源以满足公共需求，[①]从而回应了公众基本生活需求和社会经济发展的需要，并且在一定程度上治理了传统的政府难以应对的问题，即政府机构的"精简——膨胀，再精简——再膨胀"的怪圈。

---

　　① 崔运武：《当代公共产品的提供方式与政府责任》，《思想战线》2005 年 1 月。

政府存在的基本要求,就是处置公共事务以满足公众需求,促进社会的存在和发展,而政府管理公共事务的方式,就是公共管理模式,它由公共管理过程中各公共产品提供者功能的定位、参与程度和参与方法等基本要素构成。在人类已有的公共管理实践中,主要出现过在公共产品的提供中政府为主并有限投入的公共管理保护模式、政府全面负责乃至完全垄断的干预模式,政府与社会和市场合作的市场模式。① 因此,公共管理模式本质上是在公共管理过程中存在或可供选择的政府与市场、政府与社会的分工方式。无疑,自从 20 世纪 30 年代中期第一次世界经济危机以后,以政府对经济和社会的全面干预为起点和标志,随着行政国家的出现,在政府作为公共事务主要甚至是唯一管理者的情况下,现实的公共管理模式就是典型的干预模式或垄断模式。然而,自 20 世纪 70 年代期以来,现实政府管理的变革,现实的结果就是公共管理模式的变革,公共管理市场模式的出现和成长。② 正是在这一现实变革的基础上,基于理论与实践的互动,尽管人们对当前是否已有一个不同于传统的公共行政的新的公共管理理论的出现存在不同的观点,但可以肯定的是,正是现实变革的推动和新的公共管理理论的迅猛发展,越来越多的人基于对范式的深入的理解,认为即便不提公共管理已是一个新的理论或学科,但至少已是一个正在成长的新的研究范式。这一点,在我国,从 1990 年代中期教育部规定的学科专业目录的调整,以及近期社会科学研究及管理部门的及时调整,也足以说明。

在当代中国,自 1993 年建立社会主义市场经济体制的改革展开以来,可以说正是得益建立社会主义市场经济体制改革的展开和深入,以及社会主义市场经济体制的初步确立,公共管理模式的转换已成为一个不以人的意志为转移的客观进程。概言之,这一客观进程的内在逻辑是,一方面,建立社会主义市场经济体制改革的逐步深入,导致了公共需求的日益丰富和复杂,对政府公共管理的方式提出了新的要求。另一方面,正是随着建立社

① 郎佩娟:《公共模式研究,政法论坛》,《中国政法大学学报》20 卷第 1 期,2002 年 2 月。
② 崔运武:《公共事业管理概论(第二版)》,高等教育出版社 2006 年版,第二章。

会主义市场经济体制改革的展开和深入,是使作为公共管理模式从干预走向市场的重要因素——以民间组织或非营利组织为基本组织形式的社会(公民社会),相当程度上从无到有,不断发展,而党中央和国务院及时地认识了当代中国公共需求的发展变化,把握了公共管理发展的内在逻辑,因而随着改革的深入,提出必须以社会主义市场经济运行的基本要求来确定政府职能,必须大力培育和发展社会中介组织,并且制定了一系列促进民间组织发展的方针和政策,要求加强社会管理和公共服务职能,提出要努力提高干部和公务员的现代公共管理素质,建立一个既与当代公共管理发展总体趋势相一致,又符合中国特点的新型公共管理体制。一句话,当今中国,公共管理模式的转换应该已是一个不争的现实。

正如同当代西方的"新公共管理"在实践上与传统的公共行政或说公共管理有明显的不同,因而在理论与实践的互动中形成了对传统的公共行政理论进行重大变革,进而形成"新公共管理理论"一样,当代中国公共管理模式的转换作为一种在中国出现的客观现实,一种在中国未曾有过新的公共管理实践,它为能够对这一实践做出解释并做出进一步改革导引的理论的构建提出了要求。正因为如此,在当代中国的社会科学领域,自上世纪90年代中期至今,公共管理研究已成为一个理论热点,一个正在探索的理论:面向现实的重要领域。

二

在当代中国,对公共管理理论的探索,我们认为基本目标有二:

第一,总结研究当代世界的公共管理变革和理论发展。具体言之,即审视当代世纪范围内,尤其是20世纪70年代末期以来政府管理改革先行国家公共管理改革的实践,总结其经验和教训,研究其新公共管理理论之所以产生的动因、理论发展的脉落,如从管理主义、公共选择理论,到新公共管理理论,再到治理理论、新公共服务理论内在的发展逻辑与现实影响因素。在把握当代世界范围内公共管理变革的基本趋势,追踪理论发展前沿的基础上,探求公共管理中具有普适性的因素,本着"他山之石,可以攻玉"的原则,促进当代中国公共管理变革及理论的发展。

第二,探索有中国特色的,能对中国公共管理实践有解释、说明和预测的公共管理理论。当代中国的公共管理,是对当代中国公共事务进行协调和控制的过程。这一过程是在基于中国文化传统的发展,在当代中国特定的社会经济发展条件下,在有中国特色的社会主义政治制度下,在中国共产党的领导下展开的,是公共管理有中国特色的一种管理模式。因此,对当代世界范围内公共管理理论的追踪和研究,归根到底,就是要探索有中国特色的公共管理理论,尤其是要通过这一理论的探索和建构,对改革开放以来我国经济的高速而持续地增长,社会稳定,民主进步,人民群众不断增长的物质和文化需求得到满足,公众生活质量不断提高的这一"中国模式"做出令人信服的解释和说明,为未来的进一步发展基于公共管理做出有价值的参考的预测。

如何展开这一探索,从理论建构的角度看,我们认为最基本的就是要基于学科综合的基础上来进行。当代公共管理理论的产生和发展,正如人们所公认的,当代正在成长的公共管理理论,它的关注焦点由"内部取向"转变为"外部取向",由重视机构、过程和程序研究转到重视项目、结果与绩效的研究,从而使战略管理、管理的政治环境、项目执行、绩效评估、公共责任及公共管理伦理成为核心问题;它倡导的管理理念,其中心问题的"如何提供公共利益和服务",它提供的一整套管理的方法和技术,则是十分注重在处理公共管理问题尤其是政府与市场、企业与社会关系时,提供一整套不同于传统公共行政学的新思路与新方法。

而这一切之所以成为可能并形成一种较完整的知识体系,则是由于它的知识基础,即公共管理学作为一种广泛和综合的知识框架,把当代经济学、管理学、政策分析、政治学和社会学等学科的知识和方法融合到公共部门管理尤其是政府管理的研究中。因此,要追踪研究当代世界的公共管理知识,尤其是要建构有中国社会主义特色的公共管理理论,必须走一条基于以政府为主要研究对象,但又不局限于政府,以公共行政学为基本视野,但又必须同时关注相关的多学科,即基于以公共事务管理为核心,基于公共管理又必须逸出公共管理,逸出公共管理又必须回归公共管理的多学科研究路径。

三

云南大学在国内对公共管理理论的探索者的行列中,不是先行者,但肯定是一个积极的、孜孜不倦的参与者。

云南大学有较悠久的政治学和行政学的研究传统。1923 年云南大学正式建立后,即于 1925 年建立了政治学系,展开了政治学和行政学的探索。新中国成立后,云南大学的政治学和行政学走过的是和其他兄弟院校一样的历程。改革开放后,云南大学迅速恢复了政治学学科,并于 1980 年代初结合地方社会经济发展的需要,开办了少数民族干部行政管理大专班。这一行政管理干部大专班沿至上世纪 90 年代末,在为云南省培养了大批合格的素质不断提高的少数民族行政管理干部的同时,也促进着我们对行政管理理论和教学的探索。1986 年,云南大学获得了政治学理论硕士授权,即在这一专业中根据当时学科划分的要求,开设了行政学方向,培养行政管理方面的高级专业人才。随之,在国家学科专业调整,明确地建立行政管理专业后,云南大学先后获得了行政管理的本科专业和硕士点,开展了行政管理的专业教育。

1999 年,世纪之交,世界范围内公共管理模式的变革和我国建立社会主义市场经济体制改革的步步深入,使正在成长的公共管理学科,展现出了前所未有的蓬勃生机。针对云南省社会经济发展的需要,感觉到了时代的脉动,以及公共管理这一高度整合的新兴学科必将成为社科领域的一个显学,一个极为重要的人才培养基地的巨大需求,云南大学依托学校既有的相关学科优势资源,以原政治学与行政管理学系为基础,于 1999 年 7 月正式建立了公共管理学院,云南大学公共管理学院也得以成为全国第一个正式建立的公共管理学院,从而使我们对公共管理理论的追踪关注,对新型的具有公共管理理念、掌握当代公共管理技术和方法的多学科的交叉型、复合型、应用型的人才培养，有了坚实的学科平台和新的人才培养条件。

云南大学公共管理学院建立后，我们积极追踪公共管理理论，展开公共管理学科的建设。我们的建设战略，一是以行政管理学科建设为基本支撑，二是积极将教学与研究相结合，将理论与实践相结合，将科学研究与教学研究。如此，九五期间，行政管理学科被列为云南省重点建设学科。在复旦大学等高校的支持下，我们行政管理重点学科建设获得了极大的发展，获得了一大批国家社科基金、教育部基金、教育部青年教师奖基金、国家新世纪重大教改项目等，支撑了整个学科建设，使学科力量不断得到发展，于2003年获得了MPA教育授权，2005年获得了行政管理博士授权，并建立了省部共建的公共管理实验教学中心。

"十一五"伊始，得益于正在深入发展的改革现实对公共管理的需求，基于我们从九五开始的以行政管理为基础的学科建设，以公共管理学科建设为目标——一个以公共管理为核心，一个更加综合的学科整合的建设，即公共管理学科建设，被列为云南省"十一五"重点建设学科。我们基于公共管理的学科特点和基本内涵，确定了公共管理理论与公共事业管理、公共政策与地方政府治理、公共经济与政府理财、区域高等教育发展与管理、电子政务五个建设方向，从更宽广的视野或学科入手，依赖于以往建设的基本路径，展开了新的积极探索。而在"十二五"即将启动之际，根据以项目带动学科加强学科建设的相关要求，我们的"区域公共服务的体制与技术及公共危机管理能力研究"项目，被列为云南大学"211"工程三期重点学科建设项目，从而使我们对公共管理理论的追踪和探索，有了新的更高的平台。

为了记录和展现我们探索的结果，我们计划将近期比较成熟的成果付梓出版。当然，尽管当今世界已是一个信息社会，资讯的传递和使用已非传统社会可比，但由于原有的学科基础和研究力量，以及地域等条件所限，我们对当代公共管理理论的追寻和探索，难免前瞻与后顾并存、深刻与肤浅共融。但我们以为，对在一个诱人的，但实际上又充满艰难、困惑、迷宫般的思想殿堂里的探索者而言，或许同样重要的，不仅仅在于所得，还在于有一种为理想而追求的锲而不舍的探索精神,一种为中国公共管理理论发展贡献一得之愚而带来的创造的欢乐。

是为序!

崔运武

2010 年 1 月 5 日于昆明

目　录

导　论

　　制度和伦理是规约社会关系和人类行为的两大规则体系,都是属于社会规范文化的主体内容,通过二者的设定,使社会关系和社会发展朝向人类需要的价值方向发展。美国学者道格拉斯·C.诺思认为"制度是一系列被制定出来的规则、守法程序和行为的伦理道德规范,它存在约束主体福利或效用最大化利益的个人行为",①诺思的观点恰如其分地概括了伦理与制度之间的转换关系,也是本书中行政伦理制度化的重要理论支持观点之一。

　　当前,国内有关行政伦理制度化的研究日渐增多,已经成为理论界研究的热点之一。但是与国外行政伦理制度化研究相比,国内研究还不能满足行政管理的实际需要,在理论研究的深度、广度和系统性上,尤其在行政伦理制度化的实践研究上还存在较大的差距,这也为本选题在研究上留下了较大的空间。

　　综观当前国内有关行政伦理制度化的研究,具有以下几个特点:一是有影响的研究成果不多,零散,主要见于有关行政管理、伦理学、法学的刊物;二是在研究内容上,对行政伦理制度化概念尚未形成共识,主要在行政道德法律化、法制化、行政责任、行政制度等方面研究中涉及;三是对于当代中国的行政伦理制度化缺乏系统、明确的可行性实践研究;四是在研究方法上,以理论方面的静态研究较多,主要关注理论体系和概念的研究,缺乏应用研究。

---

① 道格拉斯·C.诺思:《经济史中的结构与变迁》,上海三联书店,上海人民出版社 1994 年版,第 225—226 页。

基于上述分析,现对本书研究缘起和问题提出、研究的价值和意义、研究现状、研究的基本路径、理论方法和基本内容等方面的框架构思路径铺陈如下。

一、研究缘起

之所以关注行政伦理制度化这个问题是基于现实和理论研究两个方面的考虑而引发的,研究缘起于行政伦理制度化对行政伦理失范治理的功能以及如何实现这种功能的思索,因此,存在于现实和理论中的问题导向,是本书的原初起点,其大致的逻辑思路如下。

(一)行政伦理为什么失范

关于行政伦理失范的原因是目前国内行政伦理研究最多的一个方面,大致可以归纳出五个研究角度:一是社会转型说。认为社会多层次的复合转型所产生的各种新的社会关系与社会治理体系之间出现矛盾是造成行政伦理失范的主要原因;二是反思说。在对西方近代官僚制和中国传统政治文化的反思基础上,认为前者过于注重工具理性,与人文精神格格不入,后者过于强调德性培育,缺乏完善的制度支撑而不具有稳定性和普遍性;三是主体说。行政主体道德缺失是造成行政伦理失范的主要源头;四是制度说。认为行政伦理失范主要是因为制度不完善,监管不到位,政府制度供给不够造成的社会秩序无序;五是价值说。认为缺乏具有普适性和共识性的行政价值引导是导致行政伦理失范的重要原因。

这些有益的研究,为本书提出了一个最基本的命题:行政伦理为什么失范?亦即其真正的原因是什么。回顾自人类社会进入阶级社会以来几千年的社会治理历史,社会转型无时不在,社会和政府始终是一种博弈与合作共存的关系,但是,政府治理社会的基本手段无外乎制度和伦理,政府通过这两种手段成为社会秩序维护的主体。从制度学和行政伦理制度化的研究角度而言,制度缺失和伦理规范缺失是造成行政伦理失范的重要原因。因此,当代中国行政伦理制度化的目标功能定位就在于:为政府治理提供新的制度供给,再塑新型行政伦理,治理行政伦理失范,为政府与社会关系重构提供一种借鉴路径。

（二）中外行政伦理失范治理实践差异性的根源何在

当前中国的行政伦理转型与上世纪西方许多国家的经历有着巨大相似性，加上中国悠久的伦理治国历史，因此，中外行政伦理失范治理的实践成为了本书考证的重要依据。

自20世纪70年代开始，美国等西方国家致力于治理行政伦理失范，加拿大、新加坡、日本、韩国、新西兰等国家纷纷效仿，取得了显著的成效。这些国家治理行政伦理失范最为成功的经验无外有四：一是行政伦理立法，加大行政伦理制度的法律效力；二是建立行政伦理组织，加强行政伦理制衡机制建设；三是大力开展行政伦理教育，提高行政主要素质；四是加强行政伦理问责。其基本路径就是走行政伦理制度化、法律化的道路，以制度治理遏制行政伦理失范。许多学者对此开展了研究，提出了很多有借鉴性的建议，但是改革开放30多年来，我国行政伦理失范治理始终没有建立起一个完善的、具有中国特色的行政伦理责任追究机制，其根源究竟何在？分析起来有两点：

1. 制度致思方式的差异。在社会治道的方式上，中西方最大的差异就是制度和伦理何者为先的致思差异。西方国家以性恶论为人性论的起点，把制度作为遏制人性恶的首选手段，具有悠久的制度治理习惯，因此在面临行政伦理失范时，制度创新成为了首选；而在我国几千年的封建社会发展史上，性善论是对人性的基本判断，制度和伦理只是人性善端开发的重要方式，因此伦理治理成为社会治道的首选方式，尽管当代中国正在全力建设法治国家，法律制度体系建设不断完善，但是要扭转这种致思习惯和文化影响，确实需要一个较长的转型期。

2. 对伦理功能定位认识的差异。行政伦理通过制度化途径实现伦理的制度效用在西方国家是有深刻认识的，特里认为"伦理立法为公共行政人员面临和解决伦理冲突和伦理困境设定了一些一般性的限制"，"也对那些超出由公民设定的权限范围而进行活动的公务员实行制裁"。① 因此,伦理的规约功能不仅仅是限于普遍意义上的个体自律和社会舆论压力,还可以成为具有强制力的制度。在我国,有悠久的德治历史,伦理的过度制度化使"德主刑辅"成为治国实践模式,正因为对这种治国模式的弊端有着深刻认识,所以强调法制建设成为了新中国成立后,尤其改革开放以来党和政府最为重视的问题之一。邓小平同志曾深刻指出:"'文革'的错误'最重要的是一个制度问题'"。② 避免悲剧重演,"这要从制度方面解决问题……现在我们要认真建立社会主义的民主制度和社会主义法制,只有这样,才能解决问题。"③目前,我国的各项建设和发展逐步纳入到了制度化建设中。但是,我们也应该看到:制度和伦理作为社会治理的两大基本规范体系,如果过于片面地强调繁密的、技术性的制度,是难以建立起一个真正的和谐社会的,一旦把伦理置于制度之外,就有可能会重现传统官僚制度的缺憾,会使伦理和制度都失去应有的稳定性和约束性。应该讲,一段时期来,我们对公共行政领域的伦理精神和伦理责任机制构建,没有引起足够的重视,忽视了伦理与制度创新之间的联系,对作为行政伦理管理的重要手段——行政伦理制度化及其功能也没有得到充分的重视。

(三)行政伦理制度化如何实现其伦理制度功能

剔除一切有关学理的思辨内容,在遵循其基本学理原则的情况下,行政伦理制度化的关键在于如何把"行政伦理"化为"行政制度",这是一个具有极强现实操作性的问题。之所以行政伦理制度化一度被质疑,或者推进缓慢,其中一个重要的原因就是伦理如何量化为制度。这个问题的核心在于伦理规范的制度化转换。这是研究的关键,它需要解决好以下几个方面的问题:

一是如何确立当代中国行政伦理制度化的基本指导原则。中国的行政伦理制度化必须根据国家基本政治制度和政府建立原则来确立其指导性原

---

① 特里·L.库柏,前揭书,第137页。
② 《邓小平文选》(第二卷),人民出版社1994年版,第287页。
③ 《邓小平文选》(第三卷),人民出版社1993年版,第348页。

则,同时在具体的操作过程中,还必须考察行政伦理失范在当代中国特定社会发展阶段的主要表现形式及其产生的根源。把服务型政府、责任政府建设和治理行政伦理失范,提高政府社会治理能力,把善的政府(善的组织)与廉洁政府(善的公务员)作为行政伦理制度化基本原则确立的基本思路。换而言之,当代中国行政伦理制度化的基本指导原则要满足三个条件:①要符合国家基本政治制度和政治价值精神追求;②对中国最优秀的传统行政文化的高度凝练;③要体现当代中国政府现代化发展的方向。

二是如何确定行政伦理制度化的度。行政伦理要转换为行政伦理制度,其界限如何确定。如果这个问题不能解决,那行政伦理制度化就不存在任何的实际价值。在形式上,行政伦理制度化从伦理开始,以制度为结果。因此制度化的界限应该从制度与伦理共同指向的制度设计和德性培育目标开始设定,找寻其中的学理界限和实践界限。

三是如何构建一个完整的行政伦理责任机制。构建一个完整的行政伦理责任机制是行政伦理制度化最直接、最重要的目标成果。一般来说,一个完整的责任机制应该包括责任来源、责任构成、责任追究等方面的内容,只有构建完整的责任构件,才可能实现政府行政伦理责任。

21世纪的当代中国,正面临着多重交织的社会转型期,受多方面复杂因素的影响,行政伦理失范成为了现阶段的一大社会问题,迫切需要解决。但是,我国的行政伦理制度化研究虽然开始于20世纪90年代,也有诸多学者对此开展了很多研究,但总体而言,理论上没有形成共识、系统性不够,尤其对当前中国公共行政具有较强现实指导意义的研究成果太少。可以说,当前我国行政伦理制度化研究面临理论研究不够,但是实践运用需求却又是很迫切的局面。

基于上述现实和理论需求,从关注社会问题开始,结合理论研究现状,本书从当代中国行政伦理制度化所面临的时代背景、中美行政伦理制度化实践比较和借鉴、当代中国行政伦理制度化的边界、内容和目标等方面出发,力图对当代中国行政伦理制度化的方法论、边界划分、伦理责任体系构建和目标实现等内容进行研究。

二、研究的价值和意义

当代中国的行政伦理制度化研究的价值和意义主要体现在现实意义和理论价值两个方面。在现实意义上主要体现在其以问题为导向,探讨如何建立当代中国政府行政伦理责任体系,致力于治理转型期中国行政伦理失范,提高当代中国政府行政伦理管理能力和治理能力;在理论价值上提出行政伦理责任实现的路径和作为方法的行政伦理制度化。

(一)现实意义

问题导向是本选题最初的逻辑起点,其目的在于帮助解决当前中国所面临的行政伦理失范问题,建立起完整的行政伦理责任机制。本书的现实意义可以归结为三个方面:

1.构建了一个相对完整的当代中国行政伦理责任体系。本研究认为行政伦理制度化是当前变革中的中国解决系列公共行政问题的迫切需要,经济社会转型是其原初驱动力,行政伦理失范和行政权力异化等社会问题是其直接诱因。行政伦理制度化的主要目的在于破解"行政主体私利追逐与公共利益服务之间的矛盾"难题。本研究按照"背景分析—中外经验借鉴—确立界限—四大制度化内容—目标"的逻辑关系,提出当代中国的行政伦理制度化应该包括行政伦理立法、制定行政伦理职业标准、建立行政伦理组织、开展行政伦理教育和强化行政问责等内容,其主要目标是两个:"善政—组织目标"和"廉政—个体目标",同时,为解决当代中国行政伦理失范问题,从制度创新和机制构建角度,提出较为完整的当代中国行政伦理责任体系和行政伦理责任实施机制。

2.力求为行政主体处理"道德困境"提供伦理法律依据。在本研究中,主张行政伦理立法和制定具有法律效力的行政伦理职业标准,为行政主体处理各种现实中的"道德困境"、履行政府责任提供了伦理法律依据和行为标准。行政伦理制度化要解决的核心问题是行政主体私利与公共利益之间的矛盾问题。虽然制度与伦理在价值指向上有同向性,在学理上有同质性和相容性的一面,但是制度和伦理分属于不同的体系,制度强调的是强制性的责任,而伦理是非强制性的义务。通过行政伦理制度化、法律化、标准化的途径,使制度和道德同时发挥作用,成为行政主体有处理现实中的"利益困境"和"道德困境"的外部标准和内心准则。而现实中仅靠以权力为强制力的制度,并不能完全解决这些困境,比如自由裁量权;与此同时,仅仅寄托于个体道德又缺乏稳定性,故行政伦理制度化是能够妥善化解这一困境的有效办法之一。

3. 明确提出了当代中国行政伦理制度化的界限。行政伦理制度化最为引人质疑的是其是否具有可操作性,在行政伦理制度化的过程中,秉承何种理论依据,按照什么样的学理界限和操作界限来使伦理规范上升为制度,并通过可量化的操作来实现伦理责任的具体化和行为化,是行政伦理制度化的关键环节。

关于行政伦理制度化的内容或者度,是行政伦理制度化中最为考察实际成效的环节。哪些行政伦理的内容可以制度化取决于伦理规范本身的作用和效力。行政伦理中规范按照其功用大致可以分为两大类:一类是直接指向人们行为、具有社会秩序规范作用的基本道德原则;另一类是指向精神境界,向至善层面追求的高层次境界规范。美国著名法哲学家博登海默指出:"那些被视为是社会交往的基本而必要的道德正义原则,在一切社会中都被赋予了具有强大力量的强制性质。这些道德原则的约束力的增强,是通过将它们转化为法律规则实现的。"①那些对社会交往、执业行为等具有直接指向的、规范性的基本道德原则具有广泛认可性、普遍约束性、明确指向内容和现实需要,是属于基本层次的伦理道德原则,则可以探讨其制度化。

在本书中,明确提出行政伦理制度化是介于制度安排和德性培育相结合的制度创新定位,并在学理上提出了行政伦理制度化的价值边界、规范边界、美德边界,在实际操作上提出了行政伦理制度化的五大边界,为当代中国行政伦理制度化提供了较为系统的界定。

---

① 博登海默:《法理学—法哲学及其方法》,华夏出版社1997年版,第316页。

4.提出了当代中国行政伦理制度化价值目标指向。从终极价值指向的角度出发,行政伦理制度化在理论和实践上的价值追求无外是三个:一是建立服务型、负责任的政府,通过伦理治理型,建设有德性的政府,亦即"善政",使政府回归现实和活生生的公民个体;二是培养有服务精神的、廉洁的公务员,亦即"廉政",使无论何种人性理论假设下的公务员成为真实的公民、拥有良好职业专业技能以及职业道德的社会人和职业人的和谐统一体;三是促进有利于个人发展和价值实现的和谐社会形成,使人们参与其共同体的社会与经济生活的程度不断提高,尤其在社会赋权方面,社会为个人发挥自身能力而提供的生活机会是否公平,指向的是人的尊严。① 因此,在本研究中对行政伦理制度的目标,归结在以政府德性培育为核心的"善政—组织目标"和以廉洁为核心的"廉政—个体目标"两个方面。之所归结为这两个目标,是因为政府组织和公务员构成当代中国的行政主体,一个重德性建设和法制建设的政府,一支廉洁高效、尽职尽责的公务员队伍是一个好的政府、善治的政府和和谐社会建设的重要条件和保障。

(二)理论价值

从中外行政伦理制度化研究与实践的历程来看,实践需求和实践运用快速推动了行政伦理制度化理论体系的建构。本书在总结和梳理国内外相关研究成果的基础上,力求对当代中国行政伦理制度化提供一些有益的理论探索。

1.是当代中国行政伦理管理理论探索的需要。当代中国建设责任政府和服务型政府,要切实治理行政伦理失范,应对社会转型,行政伦理制度化是制度创新和机制创新的方式之一,行政伦理制度化为实现政府行政伦理责任,提供了一种有益的理论方法。本研究认为,行政伦理制度化在理论上有两个基本点:一是伦理与制度之间的同质性、相容性和共同指向性;二是行政伦理责任是当代政府应该承担的责任之一。前者确立了行政伦理制度

---

① 参见张海东:《从发展道路到社会质量:社会发展研究的范式转换》,《新华文摘》2010 年第 14 期,第 16 页。

化的学理依据,为行政伦理规范向制度转换奠定了基础,后者把行政伦理责任这种传统意义上认为的主观性责任与政府所承担的政治责任、行政责任和法律责任等客观责任一样,通过制度化途径实现由主观到客观的制度化、标准化。以这两个基本理论为依据,通过行政伦理制度化方式来探索当代中国行政伦理制度化的实施路径。

2.是当代中国行政制度创新的需要。当代中国特殊的社会转型背景以及经济社会发展与政府治理模式的转型所产生的政府道德建设的现实需求,是推动行政制度变迁的外因。政府作为制度变迁的主体,根据社会发展需要,创新管理制度,提供相应的制度供给是政府责任。行政伦理制度化搭建了伦理与制度转换的桥梁,探索行政伦理向行政制度转换,创建新的伦理制度和制度伦理,是当代中国制约行政伦理失范,加强行政伦理制度化和非制度化建设的制度创新路径之一。

三、研究现状分析

行政伦理制度化研究和实践,在英、美等西方国家致力于制约公共权力、明晰公共责任和落实伦理责任等目的,其实践的重点在于行政伦理立法。在我国,行政伦理制度化建设被认为是行政伦理建设的基础性工程,其重要性正逐步被理论界和政府所重视,已经逐渐成为理论研究和实践的热点。

(一)国外相关研究

1.研究溯源。早期的西方学者关注到了行政伦理,虽然都没有直接谈到制度伦理建设的问题,但是都关注到了伦理与公共行政二者的结合,或多或少有过相关论述,但是主要偏重于从公共行政制度设计和提高公共行政效率的角度来关注公务员制度的改革。1880年英国学者伊顿在《英国公务员考试》一书中最早意识并提出行政道德,[①]他认为行政道德的提出和兴起不仅可以推动以公正和自由为特征的公务员制度的改革,而且可以作为国

---

① 　张康之:《行政伦理学教程》,中国人民大学出版社2008年版,第18页。

家政治公正及社会道德风尚的检验和标志。在美国,最早关注行政道德的是行政学家威尔逊,他在 1887 年在《政治学季刊》发表《行政学之研究》中论述了文官制度的内容和作用,体现了美国行政中文官制度对公共行政伦理的影响。其后,行政学家魏劳毕,较为明确地提出了公正人事制度中的伦理问题,其对于制度伦理的独创性在于第一次用道德的术语和内容来讨论公正人事制度的重要性,使人事制度具有道德的因素,使所有公务员制度引入了道德的机制,充分认识到行政道德在公共行政中的重要性。

2. 研究内容发展。随着行政学学科的不断发展和政府治理模式的不断调整,对行政伦理研究的内容不断扩展,众多专家学者从公共行政责任、民主政治、制度价值等方面,开展了多学科、多角度的研究,行政伦理(道德)制度化成为行政伦理研究中较为重点的一个内容。

从制度价值方面研究行政道德制度化。尼古拉斯·亨利在《公共行政学》中指出:在对 1924 年由国际城市管理协会采用的公共道德准则进行分析的基础上,对美国各级政府的公共行政官员做了关于道德在现实生活中的作用的全国性调查,其结论是:越来越多的公共行政官员认为在自己的职业中需要道德准则和道德行为。罗赫尔以美国历史作为他讨论公共行政伦理标准的理论基础,倡导公共行政伦理应以美国政治传统的"制度价值"为中心,其主要用意在于抛弃以往把政治哲学作为公共行政伦理标准的理论依据和人类心理学研究角度,把行政自决权作为研究公共行政伦理的起点。在罗赫尔的基础上,考德沃进一步拓宽了制度价值的范围。他认为行政伦理的试金石就是美国宪法传统,宪法象征一系列的假设前提,它们默示建立美国公共生活的道德责任,这些道德责任合称"公民信仰"。①

制度安排视角的行政伦理制度化研究。对制度进行伦理思考始于洛克、卢梭、康德等人,自觉地从伦理角度研究制度安排、制度设计的是罗尔斯。罗尔斯在《正义论》里明确地肯定了社会制度有其伦理道德基础、有它

---

① 参见贺培育、侯巍:《行政道德制度化研究现状及述评》,《文史博览》2007 年第 12 期,第 34 页。

们自身所诉求的价值原则;同时制度本身所包含的这些价值原则又成为评价制度的合道德性的根据。罗尔斯认为,制度伦理主要研究制度安排的道德性、正当性和合理性问题,而不是研究个人行为的合理性。

公共行政责任角度研究行政伦理制度化。高斯、怀特、狄莫克等在他们合著的《公共行政新领域》一书中,从自由裁量权入手,在批评效率行政的基础上,审视行政组织的监督问题,探讨了行政自由权与责任,进而论证实现行政人员责任的途径。高斯首次提出"内在督查"概念,以此说明行政人员主动承担责任的重要性。他认为,随着行政自由裁量权的扩大,必然会出现一些问题,即行政人员对自由裁量行为该负怎样的责任,如何负责。他指出,通过"内在督查"行政人员可以把行政活动的准则、条例内化,就可以形成有效的"内部督查"机制,保障行政责任的履行。而有效的"内在督查"需要把伦理法规转化为一种"内部控制",即通过职业道德和伦理标准控制行政行为。弗雷德里克认为在复杂的现代政府机构中,用外部控制来维持一种负责任的管理形式是不合适的,他呼吁培育"内部督查"的方式,实现"内部控制"。①

多重研究视角。近年来,行政伦理研究逐渐走向多角度研究的视角,意图对行政领域进行更加全面的研究的基础上,来构建和提炼行政伦理规范。其中最有代表性的研究是库柏所归纳的五种视角:第一,罗尔斯首倡的"政体价值视角"。这个视角主张公共行政伦理应该建立在美国的宪政传统及其政治价值基础之上。② 第二,公民身份理论视角。强调应该将行政伦理建立在行政人员的伦理角色,即作为公民利益的管理者和促进者这一关键点上。③ 第三,社会公平的视角。社会公平视角是新公共行政学所倡导的,其基本观点在于强调在效率和价值之外,社会公平价值是行政伦理的规范

---

① 丁秋玲:《行政范式转化与公共行政伦理的发展》,《孝感学院学报》2007 年 1 月,第 27 卷第 1 期,第 47 页。

② ROHRJ. Ethics for Bureaucrats:An Essay on Law and Values. NewYork:MarcelDekker,1989.

③ COOPERTL. An Ethic of Citizen ship for Public Administration. Englewood Cliffs, NJ:Prentice-Hall,1991.

性基础。美国伦理学家罗尔斯的《正义论》当为这一观点的典范。第四，公共利益的视角。这个研究视角主张把公共利益视作公共行政的核心价值，并依此抵抗来自部门利益、私人利益、组织利益的威胁。第五，美德视角。美德视角是人们逐渐认识到规则伦理的特点和不足的基础上，再次回归到对个人的品质、人格和信仰的强调。因此，在公共行政研究领域，对公共行政人员的美德研究一时又被重视起来。①

由于国外公共行政学研究与公共行政实践相伴相长，美国、英国等国家的公共行政学研究在世界一直处于领先地位，行政伦理制度化研究一开始就拥有较为完善的学科理论支撑，尤其随着上世纪一些西方国家行政伦理失范问题的出现，行政伦理制度化实践迅速开展。其基本路径是通过成立专门的伦理管理机构、开展行政伦理立法，制定行政伦理职业标准、实施行政伦理问责等举措建立一个完整的行政伦理责任体系。国外行政伦理制度化实践给我国的行政伦理制度化在理论和实践上提供了很多有益的经验，但是每个国家的国情不同，公共行政模式有别，我国的行政伦理制度化研究必须立足于当代中国的实际情况，在借鉴的基础上，构建具有中国特色的行政伦理理论和实践体系。

（二）国内相关研究

国内行政伦理研究起始于 20 世纪 90 年代，引发我国行政伦理思考的原初现实问题是市场经济的伦理道德属性问题，随后中国学者对行政伦理的界定、行政伦理作为学科的性质、研究对象和框架以及行政伦理中的官僚制、行政价值追求、公务员行为、行政责任、行政伦理建设等问题展开了持续不断的研究，取得了一定的进展。与此同时，由于对市场经济的道德属性以及市场经济环境下，对人的价值观、道德认知以及传统观念产生了巨大的冲击，面对人性道德的缺失和制度的无奈，有许多学者同时开展了制度伦理研究。可以说这是中国行政伦理制度化研究的开始，而后才逐步专门开展公

---

① 参见王云萍：《当代西方公共行政伦理的规范性基础探讨——以美德视角及其启示为中心》，《厦门大学学报》2007 年第 2 期，第 12—13 页。

共行政伦理制度化研究。

1. 关于制度伦理研究

制度伦理研究是国内较早出现的、较为系统的有关制度与伦理问题的相关性研究,在理论研究溯源上,制度伦理研究可以看做是我国行政伦理制度化研究的开始。制度伦理的研究对于行政伦理制度化研究的主要贡献在于三个方面:第一,开启了制度与伦理解决现实社会实际问题的思考,从而引起公共行政管理的共鸣,使制度与伦理结合解决现实问题基本达成共识;第二,初步解决了制度与伦理结合的理论基础,为行政伦理制度化搭建了理论和现实的思考路径;第三,制度伦理的研究方法为行政伦理制度化提供了借鉴。

20世纪90年代,制度伦理一提出,理论界就围绕着制度伦理和伦理制度展开了激励的争论。由此衍生出来三个主要的观点:[①]一是伦理制度化,以陈筠泉、王南湜、刘怀玉等为代表。在概念上,他们常把制度伦理表述为"伦理制度"、"道德制度"等。他们认为,社会转型时期,随着改革进一步深入,社会生活、伦理道德观念发生很大变化,特别是随着市场经济体制的建立,仅靠伦理道德的软约束已经很难满足社会发展的需要,迫切要伦理制度化加以保障,而现阶段道德建设所存在的根本问题是制度化程度低,表现为制度供给不足、制度供给结构失衡、制度供给质量低等特点。他们认为伦理制度化是对制度供给不足的一种制度补充。二是制度伦理化。其核心观点是强调制度本身的伦理内涵和制度的合伦理性。主要代表人物有胡承槐、吕耀怀、方军、钱广荣等。他们对"制度伦理"和"伦理制度"有着严格的区分和界定。他们认为,制度伦理是非伦理化制度,如政治制度、法律制度、经济制度等,强调的是制度中蕴含的伦理原则、伦理价值和伦理关怀,是制度中的伦理;而伦理制度是制度化的伦理,是外在于个体之外以制度形式存在的伦理要求、道德命令,伦理制度本身就是明示的伦理道德规范。三是上述二者结合起来,强调双向互动,持这种观点的主要代表有梁禹祥、龚天平等。

---

① 参见覃志红:《制度伦理研究综述》,《河北师范大学学报》2002年第3期,第104—105页。

他们把制度伦理理解为存在于社会基本结构和基本制度中的伦理要求和实现伦理道德的一系列制度化安排的辩证统一。在制度与伦理的双向互动过程中,要求社会制度本身应是合乎道德要求的,而实现这种道德要求则需要通过一系列的规范化、制度化和法律化的措施。因而,制度伦理建设包括了对制度的道德合理性问题和道德的制度化。

万俊人从制度安排的角度对制度伦理进行了进一步的阐述。他主张:"所谓制度伦理,主要是指社会基本制度、结构和秩序的伦理维度为中心主题的社会性伦理文化、伦理规范和公民道德体系……制度伦理包括三个基本的层面:①以国家根本政治结构为核心的社会基本制度伦理系统;②以社会公共生活秩序为基本内容的公共管理——以狭义的行政管理或企业管理不同——伦理系统;③以公民道德——与一般意义上的个人美德不同——建设为目标的社会日常生活伦理系统"。就是说,制度伦理研究是一个从政治伦理出发,通过公共伦理的中介影响私人美德的路径为社会秩序重建提供理论支持和实践保障。政治伦理视阈中的制度伦理就是指一定的社会体制内的伦理,它以一系列权利义务关系的分配原则、规范为基础,以"职、权、责"的制衡机制为运作流程,通过一系列的政策、法规、条例等制度形式表现出来的伦理安排。[①]

制度伦理研究开启了我国现代行政伦理制度化和行政制度伦理化研究的先河,这些研究成果从概念、作用、途径等许多角度对伦理与制度之间的关系、价值定位、实施路径等开展了卓有成效的研究。对于行政伦理制度化而言,其最大的成效是结合当代中国社会转型,建立了伦理与制度结合的制度创新理论体系。可惜的是,由于当时我国正处于社会主义市场经济建设初期,这一理论研究成果没有引起足够的重视,所以没有很好地付诸到行政管理实践。

2. 关于行政伦理制度化研究

国内有关行政伦理制度化的研究,已经逐步引起了重视。尤其随着政

---

①　施惠玲:《制度伦理研究论纲》,北京师范大学出版社 2003 年版,第 179 页。

府改革力度的不断深入,责任政府和服务型政府以及社会治理能力和治理体系现代化建设目标在行政管理体制改革中的地位得到前所未有的明确,不仅与行政伦理制度化有关的理论研究逐渐增多,而且以政府为主导的行政伦理制度化实践力度也在不断加大。但是,总体而言,我国目前的行政伦理制度化研究成果还不是很多,比较零散,没有形成完整的理论体系,行政伦理制度化实践水平也还有很大的提升空间。综观国内近年来的有关研究,可以按照研究内容大致归结如下:

行政伦理(道德)制度化概念界定。对于行政道德制度化概念的界定,一些学者从不同的视角提出自己的看法。主要代表性观点有:第一,陈江、张薇、袁雅莎等认为,行政伦理制度化就是把一定的社会伦理原则和道德要求上升为行政制度。[①] 第二,从行政道德法律化或行政伦理立法的角度来界定。朱岚、李靖、邱琳等认为行政道德法律化能把道德自律转化为法律强制力的自律,通过法律约束机制促进道德自律的形成。[②] 祝建兵认为,行政伦理立法,主要包括从事公务活动必须遵守的道德行为规范、确定管理廉政事务的机构及职责权限、对公务员进行从政道德教育和监督的措施、对违反从政道德行为的处罚尺度及程度、对离职人员在定期期限内的某些活动作出限制性规定。[③] 这一观点在从行政伦理立法的角度提出了行政伦理制度化的内涵的基础上,对行政伦理立法的内容进行了一定的阐述。

上述研究,对于行政伦理制度化中涉及的一些基本概念进行了界定,虽然对于行政伦理制度化本身的内涵目前还没有一个统一的、权威的共识,但是多层面、多角度的研究分析,深化了行政伦理制度化的研究内涵,为行政伦理制度化研究提供了更多的参考路径。

行政伦理(道德)制度化的现实意义。张康之认为由于管理行政并不

[①]　陈江:《重构行政伦理体系——一种强力制约行政腐败的隐性途径》,《中共云南省委党校学报》,2006 年第 1 期;张薇:《行政道德建设中的制度伦理向度》,《中国行政管理》2003 年第 4 期;袁雅莎:《行政制度伦理建设的意义与途径》,《南部学坛》2006 年第 3 期。

[②]　朱岚:《关于行政道德立法问题的思考》,《兰州学刊》2004 年第 6 期;李靖、邱琳:《制度建设:当代中国行政道德建设的保障》,《长春市委党校学报》2001 年第 1 期。

[③]　祝建兵:《试论行政伦理法制化建设》,《皖西学院学报》2002 年第 12 期。

具有行政道德的制度化保障,所以行政道德只是一种偶然的调节因素,对普遍的行政行为没有决定性的影响。只有在服务行政的模式中,行政道德才获得制度化的保障。服务行政是行政道德的制度化,而服务行政中的行政道德则是制度化的道德。① 杨淑霞、山文岑、任浩明、胡延风、姚黎君、丁祖豪、苏竹钦、苏平富等分别从强化行政人员责任和道德自觉、反腐倡廉、约束行政人员的行为以及行政伦理制度化对行政伦理和行政制度的双向互补作用等方面论述了行政伦理制度化的重要现实作用。

行政伦理制度化的提出本来就是基于现实问题考量而产生的学术命题。这些研究,面对现代中国快速发展的经济、政治、文化和社会领域的变革,公务员伦理失范、行政制度失效、行政权力滥用和腐败等现实问题的出现,满足了社会现实需求,具有重要的理论和现实价值。

行政伦理(道德)制度化的途径。总括现有学界研究,行政伦理制度化的路径主要可以从两方面来进行:一是行政伦理(道德)立法,将行政道德纳入法制化轨道。在这一点上,绝大多数的学者都持有此立场;二是设立专门的监督机构。如戴焰军在其博士论文《我国公务员行政道德建设研究》中,对公务员行政道德制度化建设提出:行政道德立法、公务员日常行为规范、完善公务员行政道德监督体系三条途径。此外,有杨淑霞、山文岑、林兴发、赵立平、肖勇、于嘉、任浩明、刘雪风、曾峻、邱国兵等很多学者都对此有过专门的论述和研究。其中有一部分学者涉及到了行政伦理立法的内容方面的问题。

伦理立法和行政伦理组织建设两大举措,在当前的研究中基本取得了一定的共识,同时也是本研究所坚持的观点。上述对于行政伦理制度化路径的研究,为本研究提供了很多有益的参考。但是,对于如何立法、如何建立行政伦理组织等进一步具有可操作性的研究相对较少,缺乏系统性,这是本书在研究路径上拓展的重点。

行政伦理(道德)制度化的内容和原则。事实上,无论行政伦理制度化

---

① 张康之:《行政道德的制度保障》,《浙江社会科学》1998 年第 4 期,第 63 页。

在理论上是否能够制度化并没有妨碍其付诸实践,从国内外行政伦理制度化实践就可以得到实证。国内学者对行政伦理制度化的原则研究主要有:陈奇彪认为行政道德制度化的四个原则,即以三个代表作为立法指导思想、提高公务、精神文明程度、促进廉政、保障依法行政的原则。苏竹钦认为应该坚持为人民服务原则、可行性原则、公开性原则、行政监督补救原则的四个原则。关于行政道德制度化的内容丁祖豪认为,行政道德法律化建设可分为对社会的腐败现象进行法律约束和对"准腐败"现象进行规范的两项内容。① 赵立平认为,行政伦理制度化的内容有四个方面:一是用我国现行的公务员制度把有关公务员的道德要求规范化;二是用党的各项规章制度把有关国家公务员的道德要求纪律化;三是以法律的形式把有关国家公务员的道德要求法律化;四是行政伦理制度化的实施机制。② 刘文提出了行政道德法制化的几点要求:立法界定,即最低层次的要求,要求对公职人员提供了廉正和道德的最低标准;立法内容,应涉及其公务员活动的各个方面,具有可操作性,即从一般原则性规定向定量规定。沈亚平认为,制度建设是行政道德建设的基本手段,提出了完善制度伦理方面的一个前提条件是对人性的基本估计。③

　　行政伦理制度化的内容和原则是行政伦理制度化实践的关键,上述研究对此提出了许多不同的构建原则和内容组合路径,启发了本研究的思路。但是从现有研究成果来看,系统性和内在逻辑性不够,没有形成完整的行政伦理制度化体系,因此,本研究提出行政伦理制度化的行政伦理责任体系构建目的,着重从如何立法、如何建立标准、如何建设行政伦理组织、如何开展伦理教育、如何建立问责制度等方面来铺陈思路,在具体内容上进行深入研究。

　　① 参见贺培育、侯巍:《行政道德制度化研究现状及述评》,《文史博览》2007 年第 12 期,第 36 页。

　　② 赵立平:《我国行政伦理制度化建设的途径》,《华北电力大学学报(社会科学版)》2002 年第 4 期,第 47—49 页。

　　③ 参见贺培育、侯巍:《行政道德制度化研究现状及述评》,《文史博览》2007 年第 12 期,第 36 页。

除了在行政学、政治学以及相关人文社会科学刊物上，国内许多学者，尤其一些年轻学者对行政伦理制度化提出许多有见地的见解外，在许多的著述中，也可以见到我国一些著名的行政管理学专家对行政伦理制度化的主张。如张国庆在其《公共行政学》中认为行政伦理立法是当前世界各国的趋势，并对行政伦理立法的内容进行了界定。李建华在《行政伦理导论》一书中，也认为制度化建设是公共道德建设的必然趋势。此外，在王伟、夏书章、冯益谦、徐家良、范笑仙等学者的相关著述中，都可以见到有关行政伦理制度化的阐述。

谈到国内有关行政伦理制度化研究，张康之是一个不可回避的人物。可以说张康之是国内最早论述公共管理伦理学的责任与义务范畴的学者之一。2002年，他出版了《寻找公共行政的伦理视角》一书，随即引起学界轰动。该书提出了通过价值理性的复归重建公共行政模式的新构想。为历史上曾经出现过的行政实践模式及理论给出了确切的历史地位，对公共行政的发展史进行了系统反思，分析了近代以来的理性分化及其在社会建构中的表现。他认为，近代早期启蒙思想家所倡导的理性在其后的发展中分化为工具理性和价值理性，从而在社会建构中出现了工具理性对价值理性的排斥。在一切基于工具理性的社会建构中，官僚制是最为典型的范例。然而，在官僚制理论中却包含着深刻的逻辑悖论。《寻找公共行政的伦理视角（修订版）》在对官僚制以及批评和矫正官僚制的各种理论的反思中，提出了公共行政道德化建构的建言，并由此逻辑地导出了服务型政府的理念。

（三）国外行政伦理制度化实践

当前，有许多的西方国家，在行政伦理制度化方面已经在理论和实践上都达到了一个较高的层次，重视行政伦理制度化建设，已经成为公共行政管理研究和实践的国际性大趋势。其中以美国、加拿大等西方国家的伦理研究和实践为最有代表性。研究这些国家的行政伦理制度化实践，可以给当代中国提供诸多的理论研究方法和实践借鉴。

1. 美国行政伦理制度化实践

国外行政伦理学的研究一直以来就是以美国为中心展开的。美国行政伦理研究的最大特点就是理论研究与实践几乎同时展开,这与一贯奉行实用主义哲学的美国文化确实一脉相承。不过也正因为理论与实践一同开始,使研究不拘泥于繁琐的、抽象的学理论证而同步指向应用,把研究重心放在了规范性、可操作性、易推广性上,①促进了行政伦理制度化实证研究的迅速发展。美国的行政伦理制度化实践大致可以从三个方面进行归纳:

一是开展行政伦理教育。水门事件之后,是美国行政伦理学教育的真正开始,到 80 年代的这一期间,丹哈特、罗尔、鲍曼、刘易斯、格特纳、特里·L.库珀、弗雷德里克森等一大批学者,围绕公共行政中的伦理问题出版了大量教材和专著,其中影响最大的是特里·L.库珀的《行政伦理手册》和《行政伦理学:实现行政责任的途径》。在 1989 年的调查中,美国排名前 20 名的高校中有 16 所院校的公共行政专业开设了行政伦理学课程。

二是建立行政伦理组织。1952 年美国公共行政学会(ASPA)组织的华盛顿会议出现了"公共服务中的伦理学"这一议题,1976 年 ASPA 成立了"职业标准与伦理学委员会",1984 年,"ASPA 伦理法则"出台。美国众议院设立了与伦理规范制定和立法相应的"众议院伦理委员会",其工作重心在于治理政府官员的腐败,加强廉政建设。1979 年 7 月,美国政府伦理办公室成立。根据《美国政府行为伦理法》的规定,政府伦理办公室主任由总统提名、国会批准,任期与总统不一致,以保持政府伦理办公室的相对独立性;同时,政府伦理办公室直接向总统、国会和国务院负责。

三是实行行政伦理立法。1958 年,美国国会通过了《政府工作人员伦理准则》,1985 年美国国会在此基础上制定了更为详细的《美国众议院议员和雇员伦理准则》,1978 年 10 月,美国众参两院批准了卡特总统提交的《美国政府伦理法》。1979 年 1 月《美国政府伦理法》生效,该法共 7 章,约 7 万字。前三章分别为立法、行政、司法人员的"财务公开要求"。第 4 章为"政府伦理机构"。第 5 章为"前受聘导致的利益冲突",即关于职务雇佣中不

---

① 史鸿文:《当前国内外行政伦理研究与推广及意义》,《高校理论战线》2003 年第 4 期,第 60 页。

得违背公众利益的规定。1989 年 4 月,美国众参两院又批准了布什总统提交的《美国政府伦理改革法》,为美国行政、立法、司法三大机构工作人员规定了更为严格的伦理标准。1989 年 4 月和 1990 年 10 月,布什两次签署命令颁布《美国政府官员及雇员的行政伦理行为准则》,以作为实施《美国政府伦理改革法》的补充措施。1992 年,美国政府颁布了由政府伦理办公室制定的内容更为详细、操作性更强的《美国行政部门工作人员伦理行为准则》。①

2. 其他相关国家的行政伦理制度化

韩国。20 世纪 90 年代,韩国经历了严重的腐败危机,推动了韩国行政伦理制度化的建设,建立较为健全的行政伦理法规体系。韩国先后颁布了《韩国宪法》《国家公务员法》《公职人员道德法》《〈公职人员道德法〉实施令》《防止腐败法》《公务员保持清廉行动纲领》等伦理法规体系,对公职人员应该遵守的总的伦理标准、伦理准则、伦理规范等做出了明确的规定,对公职人员从事公务的基本价值、财产申报、腐败行为、收受财物、离职履职等方面进行了清晰的界定。为了确保这些伦理法规的有效实施,根据有关法律规定,韩国还成立了伦理规范监管机构。如在国会、大法院、政府等部门内设公职人员伦理委员会,直属总统的防止腐败委员会,反腐败与公民权益委员会等,这些机构在不同的领域,针对不同的行为,加强对公职人员的伦理监督。

加拿大。1993 年,加拿大制定了《公职人员利益冲突和离职后再雇佣法》。2003 年 9 月 1 日,加拿大政府开始实施《公共服务的价值与伦理规范》,这是一部具有法规性的行政伦理守则。该伦理守则不同于一些国家的行政伦理法制侧重操作性,而是突出强调了公共服务的价值和伦理,以指导和支持公务员的职业行为。②

---

① 王伟:《关于加强行政伦理法制建设的建议》,《人民论坛》2010 年 4 月,总第 287 期,第 235—236 页。

② 王伟:《关于加强行政伦理法制建设的建议》,《人民论坛》2010 年 4 月,总第 287 期,第 236 页。

日本。1999 年，为响应经合组织《改善行政伦理行为建议书》，日本国会通过了《日本国家公务员伦理法》。在该法的总则中明确指出："为使国家公务员切实履行其职务伦理，需要采取必要措施，藉以防止国民对公务员执行公务的公正性产生怀疑或不信任，从而确保国民对公务的信赖，特此制定本法。"①

其他。另外还有些国家制定了与行政伦理有关的法律，如：英国的《地方政府雇员行为规范》、《荣誉法典》和《防腐化法》；1997 年 11 月，经合组织推出的《制止在国际商务活动中贿赂外国公务员的公约》等。

这些伦理法律法规的实施，不仅将行政伦理法律化、制度化在理论研究上推到了一个较高的高度，而且在行政伦理制度化实践上，进行开创性的实践。国外的行政伦理制度化实践，在立法、管理机构、责任体系、责任追究以及行政伦理教育等方面形成了相对完整的体系，其实践模式给我国的行政伦理制度化提供了许多可资借鉴的经验。

（四）当代中国行政伦理制度化实践

我国历来重视行政伦理建设，尤其改革开放以来，不仅有关行政伦理制度化理论研究的成果日渐增多，而且以政府为主导的行政伦理制度化实践也取得了明显成效。

1. 行政伦理制度建设方面

1993 年颁布的《国家公务员暂行条例》，是我国行政伦理步入制度化建设阶段的标志。1995 年 5 月，中共中央办公厅、国务院办公厅制发了《关于党政机关县（处）级以上领导干部收入申报的规定》，这一规定为后来的《公职人员财产申报法》的制订奠定了良好的基础；2002 年，人事部颁布了《国家公务员行为规范》，该法对公务员的公职行为，从宏观的角度上提出了基本的道德要求。2006 年 1 月 1 日实施的《公务员法》，是我国行政伦理制度化的标志性法规，既是我国公务员制度建设走上法制化轨道的标志，也为行

---

① 王伟：《关于加强行政伦理法制建设的建议》，《人民论坛》2010 年 4 月，总第 287 期，第 235—236 页。

政伦理制度化提供了一个较为完整的法律蓝本。党的十八大以来,针对党风廉政建设中存在的问题,各级各类部门先后出台了八项规定(2012 年 12 月)、六项禁令(2013 年 1 月)、中组部印发《关于在干部教育培训中进一步加强学员管理的规定》(2013 年 3 月)、中共中央印发修订后的《党政领导干部选拔任用工作条例》(2014 年 1 月)等数十个规章制度。这些规章制度针对转型期当代中国政府行政中存在的主要问题和不良倾向,做出了明确的规定。不断完善的规章制度,为我国反腐败和廉政建设提供了有力的制度和机制保障,大大推进了行政伦理制度化建设进程。

总体而言,当代中国行政伦理制度化实践中较有影响的主要有《公务员法》《行政监察法》《国家行政人员纪律处分条例》《中国共产党党员领导干部廉洁从政若干准则》《中国共产党纪律处分条例》等法律法规。虽然我国目前没有一部关于行政伦理或公务员伦理的专门性法律,但从这些法律规范中已经看出,用制度化来规范和推动行政伦理建设,已成为立法和行政的发展趋势。

2. 行政伦理组织建设方面

虽然目前我国尚没有专门的行政伦理组织,但是随着系列行政伦理制度的出现以及对行政伦理失范治理力度的不断加强,我国目前涉及行政伦理管理的组织逐渐增多,大致可以分为四类:第一类是立法组织。如各级人民代表大会及其常务委员会。如全国人大制定了《公务员法》。第二类是政府组织。中央和地方的立法机关、行政机关以及监察机关不断加强了对公务员行为的纪律和制度约束,这些部门的伦理管理范围和力度不断加大。第三类是党的组织。如组织部门和纪检部门,加强了对党员领导干部的纪律检查。第四类是专门组织。在这些组织中,有些是新增的,如精神文明办公室;有些在原有的职能上,进一步加强了对行政伦理的监察功能。

3. 行政伦理问责

以 2003 年"非典"为引发事件,我国的行政问责制度建设取得了显著的成效。同时,随着行政问责制度的不断完善和健全,行政伦理问责也在逐步推进,问责力度不断加强。一是行政伦理问责和行政问责理念一样,逐步得到认可。由于公务员个人道德品质和行为失范造成的不良影响,已经成为影响政府公信力的重要原因,社会对加强行政作风、行政纪律,惩治行政伦理失范,要求政府及其公务员承担相应的行政伦理责任的观念,已经得到了广泛认可;二是行政伦理问责规章制度日渐形成,伦理问责成为政府问责和党内问责制度中的重要内容。如2007年4月,国务院公布的《行政机关公务员处分条例》中,明确了公务员违纪处分的种类和适用情况,为行政伦理问责提供了有力的法律支持。2004年2月颁布的《中国共产党党内监督条例(试行)》、2004年3月中共中央颁布的《党政领导干部辞职暂行规定》、2009年7月中共中央办公厅、国务院办公厅印发的《关于实行党政领导干部问责的暂行规定》、2010年3月中央又发布的《党政领导干部选拔任用工作责任追究办法(试行)》等文件中,行政伦理成为了党内问责的重要内容之一。三是行政伦理问责力度不断加大。除了因为伦理失范受到问责的制度日趋健全,问责的人数增加以外,行政伦理问责的力度也在不断加大。如:据《郑州晚报》、新华网、南方网等媒体报导,仅2014年7月2日—12日,中纪委就先后通报了10名官员"通奸"。这些属于违反社会道德的行为,虽然在法律中没有明确的定罪规定,但在党纪中则有对通奸的惩戒规定,比如中国共产党党员纪律处分条例第150条明确规定,与他人通奸造成不良影响给予警告或者严重警告,情节较严重的给予撤除党内职务或者留党察看,情节严重的给予开除党籍处分。

　　总体来讲,改革开放以来,我国的行政伦理制度化实践,随着改革开放进程的不断加速,在制度和体制机制建设等方面取得了快速的进步,积累了许多的经验。但是与国外相比,与我国当前面临的形势和实现"国家治理能力和治理体系现代化"的目标而言,我国的行政伦理制度化还有待进一步加强。如没有一部专门的伦理法、没有一部专门的行政问责法、更没有行政伦理问责法;没有专门的政府伦理管理机构、没有完善统一的伦理职业标准等方面的问题,是我国行政伦理制度化中亟待解决的重要问题。而这些问题的存在,为行政伦理制度化的理论研究和实践研究提供了契机。同时,对这些问题的研究,也是本书所力求有所突破的关键所在。

四、研究内容、研究创新及研究方法

(一) 研究内容

本书主要包括导论、行政伦理制度化概析、改革与转型背景下的当代中国行政伦理制度化、中美行政伦理制度化的实践及其启示、当代中国行政伦理制度化界限、当代中国行政伦理制度化的主要内容和当代中国行政伦理制度化的目标等七个章节。按照这一框架思路,对各部分的主要研究内容概述如下。

导语部分主要阐释本选题的研究思路和整体架构。主要包括了研究选题的缘起、本研究的现实和理论意义、研究现状、研究的主要内容、研究创新和研究方法等内容。

第一章主要对一些相关的概念进行分析,并对其在本研究中的内涵进行界定。本部分对伦理、道德、行政伦理、行政伦理制度化和行政制度伦理化等概念进行了分析,并对相关性的概念之间的关系进行阐释。尤其对本研究中提出的"作为方法的行政伦理制度化"进行了专门解释。

第二章主要介绍当代中国行政伦理制度化的时代背景。本部分对改革开放以来7次行政管理体制改革进行了梳理,并对其中所蕴含的理念和思路进行了分析;对信息社会背景下对行政管理所产生的影响,以及行政伦理和行政管理所面临的四大转型进行了分析;对当代中国所面临的行政伦理失范现实进行了审视。

第三章主要论述中美行政伦理制度化实践及其启示。本部分首先以传统中国社会作为样本,分析了其伦理治国实践中的伦理与制度同构内涵;其次以现当代美国行政伦理制度化实践为样本,对其制度化的具体内容和特点进行了分析;最后结合上述两部分内容,分析了中外行政伦理制度化实践对当代中国的启示。

第四章主要分析当代中国行政伦理制度化的边界。在本章中,把行政伦理制度化定位于制度安排和德性培育之间的行政伦理制度建设,在此基础上,提出行政伦理制度化的价值边界、规范边界和德性边界三大学理界

限,然后从当代中国行政伦理制度化的内外两个维度、主要原则和操作边界等方面提出了当代中国行政伦理制度化的实践界限。

第五章主要论述当代中国行政伦理制度化的主要内容。本研究认为,当代中国的行政伦理制度化建设主要包括制定行政伦理职业标准(行政伦理立法)、建立行政伦理组织、开展行政伦理教育、加强行政问责等主要内容,由这四个部分构成当代中国政府的行政伦理责任体系。本部分按照理论与实证相结合的方法,对四个方面进行了具体的实证构建。

第六章主要总结归纳了当代中国行政伦理制度化建设的两大目标。本研究认为,行政伦理制度化对当代中国而言有两个主要目标:一是以政府为主体的组织目标;二是以公务员为主体的个体目标。本部分对以政府德性为核心的善政目标和以公务员职业道德建设为基础的廉政目标进行了论述。

(二)研究创新

本书在分析已有研究成果的基础上,按照"一种方法、两个界限;一个体系、两大目标"的思路,来开展对当代中国行政伦理制度化的理论和实践研究。"一种方法、两个界限"是本书有关行政伦理制度化的理论观点,"一个体系、两大目标"是本书有关当代中国行政伦理制度化的实践体系构建设想。

1.一种方法。本书认为行政伦理制度化是一种方法,它包括三个层面的内涵:一是制度创新的方法。行政伦理制度化是行政伦理与行政制度双向同化的方式之一,是伦理向制度靠拢并成为制度的方法;二是行政伦理管理的方法。行政伦理制度化是行政过程中基于行政管理实际需要的积累,行政伦理制度化形成的行政制度伦理会成为行政制度和行政伦理管理方式,贯穿于整个行政过程;三是研究的方法。行政伦理制度化是公共行政研究的重要方法之一,究其实质是一种伦理研究方法。

2.两个界限。本书提出行政伦理制度化的关键在于清晰界定伦理向制度转换的界限,也就是转换的度的问题。为此,在研究中首先提出行政伦理制度化是德性培育和制度安排相结合的制度建设观点,在此基础上,明确阐释了当代中国行政伦理制度化的学理界限和实践边界,为行政伦理制度化提供了理论支撑和实践操作原则。

3.一个体系。本书提出,行政伦理制度化的目的在于构建一个相对完整的当代中国政府行政伦理责任体系。因此,提出当代中国行政伦理制度化的主要内容是行政伦理立法、制定行政伦理职业标准、建立行政伦理组织、完善行政伦理教育体系、健全行政问责制度,意图通过这些举措,构建一个由具有明确法律地位的强制性行为规范体系、完善的行政伦理教育体系、有效行政(伦理)责任追究机制等构成的当代中国行政伦理责任体系。

4.两大目标。本书提出,当代中国行政伦理制度化的两大目标是"善政——组织目标"和"廉政——个体目标"。政府行政伦理责任与其他责任一样,其责任承担主体是政府组织和公务员个体,因此,当代中国行政伦理制度化就是要致力于"以政府德性建设为核心的善政目标"和"以公务员职业道德建设为基础的廉政目标"。

(三)研究方法

研究方法选择对研究路径设计和实现研究目标具有重要的影响。本书将运用公共行政学、政治学、伦理学和制度经济学等学科的基础理论,运用文献分析法、伦理研究方法、制度分析和对比分析等研究方法进行研究,以期达到研究成果的科学性。

1.文献分析和内容分析相结合的方法。搜集、鉴别、整理中外有关行政伦理制度化研究的主要论文、著作和相关资料,并通过对这些资料的分析研究,从不同角度来分析国内外行政伦理制度化研究的主体问题,了解目前此领域的研究脉络、主要成果和最新进展,为本选题提供理论研究依据和资料辅助的基础上,进一步明确本研究的重点和研究路径。

2.伦理学研究方法。从伦理到制度,行政伦理制度化完成了对行政伦理表现形式、效力和功能的改变,但是行政伦理制度毕竟来源于伦理,运用伦理学的研究方法,有助于进一步透彻分析行政伦理制度化的具体逻辑关系和实践机制。在本研究中,主要运用的伦理学研究方法有:外部研究与内部研究相结合的方法、结构分析方法和利益分析法。

历史唯物主义从社会生活条件的角度去研究道德,澄清了几千年来在道德起源和历史演变、道德基本原则等问题上的迷雾,第一次将伦理学这门学科置于坚实的基础之上。在对社会道德的宏观把握上,是其他任何伦理学流派所难以比肩的。然而,对道德复杂的深层结构和层次的把握,这种外部研究就显得难以胜任,而亟需引进内部研究的方法,尤其是在研究个体道德方面。[①] 运用外部研究和内部研究相结合的研究方法,来研究行政主体道德行为的发生机制以及行政道德规范从外化他律向内化自律的心理结构规律;同时用结构主义的方法加强内部研究,分析行政主体行政伦理结构的组成,以及外部规范对内在结构的形成规律,来探讨德性培育与制度安排相结合的行政伦理制度化。

一切行政伦理失范现象在本质上都可以归结为利益失衡。利益关系是道德的本质。运用利益分析方法来研究行政伦理制度化,一方面在于研究如何有效地控制行政主体对不当利益的追求,形成有效的权力和利益制约机制;另一方面通过行政伦理制度化,进一步研究如何构建有效的行政主体正当利益追求保障机制,以激发行政主体的责任意识和服务精神。

3. 制度分析方法。制度经济学常把制度作为一个变量,这一研究方法对转型期中国的公共行政具有重要意义。本书认为,行政伦理制度化是制度创新的方法,运用制度分析方法的目的在于以公共选择与制度分析为逻辑,在中国发展的背景下,着眼于治道变革,探索行政伦理制度化中具体责任体系构建问题,通过新的制度创建和制度安排建设廉洁高效的政府,保障更多的个人自由,更适当的公民权利,为政府治理能力和治理体系现代化提供一种有益的制度创新机制。

4. 对比分析法。在本书中,较多地运用了对比分析方法来对古今中外的行政伦理制度化理论和行政伦理制度化实践,以及伦理与制度、行政伦理制度化和行政制度伦理化等概念和模式、机制等方面进行分析。运用这一方法,有利于对各种概念和模式的利弊准确定位,并为新的模式构建提供思

---

① 魏磊、李建华:《伦理学研究方法新探》,《学习与探索》1986 年第 4 期,第 49 页。

路。如本研究中有关行政伦理责任体系的构建,就是在纵向和横向对比分析的基础上形成的。

总之,这些研究方法都不是单一的,在具体的研究过程中,依据研究路径和研究目标的不同需要,会复合使用。

第一章 行政伦理制度化概析

行政伦理制度化是一个发展的概念。它与社会发展、政治体制和政府管理模式等方面变迁相关切，与伦理、制度以及职业发展等因素紧密相关。本章的主要目的就是厘清这些要素之间的相关性，并对一些概念在本书中的内涵做出相应的限定。

第一节 伦理、制度、行政伦理

从学理上来讲，行政伦理制度化是寻求对行政伦理的制度支撑，使伦理的内向自我约束转向为外在强制力，把伦理的内在自律性与制度的外在他律性结合起来；行政伦理制度化，通过打通伦理与制度之间的转换关系，从而在调节的作用上，赋予部分属于行政伦理范畴的规范具有制度性强制约束力；在调节的范围上，与社会发展现实相适应，通过对把行政职业伦理中最具普遍性的伦理规范制度化途径，扩大行政伦理的调节范围。由此看来，这是一个行政伦理与行政制度的双向互动过程，它关涉伦理、道德、制度以及行政伦理制度化与行政制度伦理等相关概念。

一、伦理与道德

伦理与道德是两个有密切关系的概念。道德最早是分开使用的。甲骨文中最早出现德字，西周初年的大盂铭文把"德"定义为"按理法行事有所得"。最早出现"道"与"德"连用的是《荀子·劝学》："故学至乎礼而止矣。夫是之谓道德之极"。在中国古籍中，"道"最初是道路之意，后引申为原则、规范、规律、道理等。"德"表示对"道"的认识,践行后而有所得。许慎《说文解字》中说:"德,外得于人,内得于己也"。先秦以后,"道德"一词逐步有了确定含义,意指人的品质、精神境界和处理人与人之间的关系应当遵守的行为规范和准则等。

在中国,"伦"、"理"二字在《尚书》《诗经》《易经》等著作中即已出现。"伦"有类别、辈分、顺序之义,后被引申为不同辈分、人与人之间的关系。"理"最早指玉石上的条纹,具有治玉、条理、道理、治理等义。"伦理"二字连用最早见于秦汉之际的《礼记·乐记》:"凡音者,生于人心者也;乐者,通伦理者也"。

在希腊语和拉丁语中,最初可见"伦理的"和"道德的"两个词语,其意义均为"遵从习俗或习惯"。后来,"伦理的"和"道德的"两个术语又经常被当做"正当的"或"善"的同义语。在西方历史上,"道德"的含义就是习俗。"伦理"(ethos)一词从词源上看最早出现在《伊利亚特》中。最初这个词表示的是一群人所共同居住的地方。以后意义扩展到包括这一群人的性格、气质以及所形成的风俗习惯①。亚里士多德把"ethos"的意义加以扩大和改造,先构建了一个形容词"ethicos"(伦理的),以后又构建了一个表示以伦理为研究对象的新型学科的名词"ethika",这就是伦理学。

伦理与道德是有区别的。一般来说,道德源于人的内心,属于人的精神性原则,具有属人的内在性、主观性,表现为人的道德信念、道德品质和道德自我评价;伦理一般认为是外在化的道德,具有外在性、客观性,体现为客观存在的行为反省判断的依据。此外,在一般的表述和研究中,大家一致比较认可的道德与伦理的最大区别是道德主要是指个体,伦理主要是指群体。在大多数的情况下,伦理与道德连用,甚至"伦理道德"一起成为一个概念使用。在本文中,当单独使用道德一词时是指个体,单独使用伦理一词时指群体,其他情况下伦理与道德不做区分。

---

① 转引自张康之、李传军主编:《行政伦理学教程》,中国人民出版社 2008 年版,第 3 页。

二、伦理与制度

行政伦理制度化涉及的一个重要关系就是伦理与制度之间的关系。对于伦理与制度在概念上的联系与区别,学界论述很多,在此不再一一赘述。本部分主要从伦理与制度的同质性和相容性两个方面阐述伦理与制度结合的关涉性,也是本文论述行政伦理制度化和行政制度伦理化关系的一个基本观点。

(一)伦理与制度的同质性

伦理与制度的同质性,决定了制度与伦理之间相互介入的可能。二者双向互接,发挥社会调节作用,从而使社会结构日趋稳定。这种同质性表现在以下几个方面:

1.表现在二者发生、发展的共同基础上。在本质上说,制度是以经济为基础,用理性的形式确认和反映物质社会的真实内容和规律。也就是说,制度是对经济的反映,是社会共同的、由一定物质生产方式所产生的利益和需要的表现。[①] 而伦理也是由社会物质条件,首先是经济条件决定的。也就是说道德的善恶原则,也是根源于利益问题。

2.表现在二者的相同的本质作用上。社会制度是与社会结构相适应的、维系社会关系和社会活动而由人们制定的一系列规范形式和规范体系[②]。伦理也是调整人与人、人与自然、人与社会的规范体系的总和。也就是说,制度和伦理都是一种调整和约束社会关系和人们行为的规则体系,都是属于社会规范文化的主体内容,都是为适应人类社会生活而产生的,通过二者的设定,使社会关系和社会活动朝向人类需要的价值方向发展。此外,从特定的历史时段来看,主流的道德体系与社会制度体系,总体上总是为一定的阶级的需要而同向发挥作用的。在社会全体内部,伦理与制度犹如车之两轮,鸟之双翼,互补互助,维护社会的稳定结构。

---

① 参见范媛:《道德与制度结合的内在基础》,《学习与探索》2000 年第 2 期,第 66 页。
② 高力等:《社会学原理》,云南大学出版社 1997 年版,第 38 页。

3. 二者具有同质的精神属性。这种同质的精神即是二者都竭力追求一种社会公正。伦理道德以"应当"的价值整合把社会生活引向理想层次,对个人而言是人生价值,对社会而言则是一种社会理想。通过伦理约束使人的社会生活幸福、人际关系和谐、社会秩序稳定,从而指向并引导人追求一种更高的超越现实的内在价值。从某种意义上说,制度精神是属于伦理精神的一个部分、一个基本层次,这样,就使道德中定位的公正精神有可能直接涵化为制度精神,成为最基本,而又是最高的道德原则和制度理想。

(二)伦理与制度的相容性

伦理与制度的相容性是指其相互渗透性,即制度中体现伦理意蕴,伦理中有制度性。

1. 制度中渗透着善恶准则和评价指向。无论是本源制度(家庭、婚姻制度)还是派生制度(政治、法律、文化制度等),①其确立的合法性,首先便是其合乎伦理道德性。制度的强制性作用和禁止命令,应该以道德的禁止为起点。譬如说,法律是最低限度的道德,便充分说明制度的确立和实施同样要反映伦理道德的善恶评价。在中国传统历史上,伦理与政治历来融合为一体,政治手段往往就是伦理手段,在中国传统社会中发挥着重要的整合作用,因而形成了传统的政治伦理。

在西方,从古希腊罗马时期开始,无论是柏拉图、亚里士多德的伦理哲学,还是中世纪的宗教哲学,无不强调着制度伦理性的意蕴。在近代,洛克的伦理思想即是以英国现存的社会制度为理论根据。随着社会的发展,制度越发表现出与伦理同一的内在自律性与外在他律性的统一。

2. 伦理道德具有制度性。伦理的制度性是指道德存在于社会基本结构并通行于社会制度如政治制度、经济制度、法律制度当中。② 道德的约束性与其在各种政治制度、经济制度、法律制度中的规约性是重叠的,或者说有的制度原本就是对伦理规范的直接援用或加强。以法律制度为例,法律与

---

① 高力等:《社会学原理》,云南大学出版社 1997 年版,第 43—44 页。
② 参见范媛:《道德与制度结合的内在基础》,《学习与探索》2000 年第 2 期,第 69 页。

道德的利益同构基础,使道德本身显现出准制度的特性。如"君子不夺人所爱"这样的道德箴言,本身便包含着某种主体对利益的规约界限,只是在施与不施、夺与不夺的手段选择、程度、性质等问题上,才显出道德与法律的区别,当施于人变为暴力强加,当"夺"变为非法抢夺时,便会受到法律的惩处,当然同时也就意味着不道德与违法并存。由此可见,道德的义务性是显现其法律制度性的基本桥梁,当某种道德义务成为反映社会基本的、具有"普遍性"的道德价值时,社会便会把其制度化,既成为权利,又成为义务。尼尔·麦考密克指出:"法律的生命在于永远力求执行在法律制度和法律规则中默示的实用的道德命令。"[①]这里的默示,亦即隐含之意。由此顺推,即法律或制度重叠。此时它既是明示的制度,又为明示的道德规范,但在作用上又发挥制度的强制作用。如我国传统社会中的"礼"即为此典范。

由上,伦理道德与制度的互相包含性,使二者的双向同化得以进行。当然,伦理与制度是有区别的。在主体对客体的认识上,制度以理性的精确性、可预测性而直接以客体为认识对象,而伦理道德则表现为对客体的情感态度;在评价上,制度是事实判断,不诉诸良心,考察实际效果,而伦理道德带有更多的主观色彩;在行为遵循的原则上,制度是以自觉原则为特征的理性品格,在相当程度上,制度中的主体是受制的、被动的、理智地服从权威力量;而道德则是一种意志的自愿自由体现,表现为主体的主动性。

三、行政伦理

伦理与制度一样,包含着特定的权利和义务关系,但是伦理与法律制度中权利与义务的一一对应关系不一样,往往会处于一种分离状态。换句话说,法律制度体系下的个体和组织行为,履行了何种义务就应当享有相应的权利或回报;而道德主体履行了一定的道德义务在理论上是应该享有相应权利或得到某种回报的,但是由于道德回报和道德权利本身更注重的是精神和境界层面,不像现实利益关系那样具有即时显现性,加上以往我们较多

---

① 麦考密克·魏因贝格尔:《制度化论》,中国政法大学出版社1994年版,第226页。

提倡道德主体履行道德义务的动机应该是无偿性、不求回报的,所以,道德主体履行道德义务是以自律为主,也就不确定性更大。正是这种道德义务与权利之间的不对应关系以及道德主体履行道德义务的无偿性和自律性,导致了大家都看到了伦理道德的重要作用,却往往无法正确处理现实中的利益困境和道德悖论。基于此,结合本文探讨行政伦理制度化的内涵、途径以及机制等的需要,有必要对行政伦理的内涵、功能以及其在行政关系中的地位和作用进行一些补充性的认识和界定。

(一)行政伦理内涵界定

在较早期的行政伦理研究中,关于行政伦理的内涵界定是讨论最多的问题之一。随着研究的逐步深入,虽然目前国内外学术界也尚未形成一致性的观点,但大致可以归纳为以下几种界定方式。

在国外,大致可以归纳为三种界定:一是行政伦理是公共道德。以美国锡拉丘斯大学马克斯维尔公民与公共事务学院德怀·沃尔多教授为代表,他认为行政伦理就是公共道德,其核心就是以服务公众为目标的职业伦理,履行公共服务责任;二是行政伦理是道德标准。以美国亚利桑那州立大学公共事务学院院长罗伯特·登哈特为代表,他认为行政官员对组织内制定的决策和决策依据的道德标准负有个人和专业的责任,[①]行政伦理是行政官员在决策及其实施过程中所应该遵循的道德规范并道德地执行决策,所以行政伦理是政府官员行政的准则;三是行政伦理是一种方法。文特里斯认为,从行政伦理对行政的主要功能和目的角度出发进行分析,就是要使行政官员在实现行政效率和目标的过程中不断改进方法,按正确的方法去实现行政效率和目标。

基于对行政的不同理解和从不同的角度来看待行政伦理的作用、功能,关于行政伦理的内涵,目前国内研究中主要有三大代表性观点。一是行政伦理是职业伦理。吴祖明、王凤鹤认为行政是行政人员对国家公共事务的管理,行政伦理就是"国家行政机关及其工作人员在权力运用和行使过程中

---

① 转引自刘霞:《论政府公共决策的道德基础》,《道德与文明》2009 年第 5 期,第 68 页。

的道德意识、道德规范以及道德行为的总和"①；二是行政伦理是政府行政过程中的伦理。王伟在其《行政伦理概述》中认为"行政伦理就是行政领域中的伦理，准确地说是公共行政领域中的伦理，也可以说是政府过程中的伦理"②；三是从综合性的角度来定义行政伦理。从利益关系、行政主体构成、行政职业特点、行政伦理本身的结构层次性和文化等综合角度来定义行政伦理。张国庆认为行政伦理是关于行政主体国家行政机关、公务员道德规范的总和。③ 就其外延来说，行政伦理包括公务员的个人品德、行政职业道德、公共组织伦理和公共政策伦理。周奋进认为行政的主体是由行政机关和公务员组成的，行政伦理研究是研究行政机关及其公务员的道德理念、道德标准、道德操守的学说，主要包括两大部分：一是行政机关整体的伦理约束、导向机制；二是行政人员，即公务员的伦理观念及其操守。④

　　上述三种观点，分别从职业特点、行政过程和内涵外延的角度对行政伦理进行了定义，各有特点和理由。对于行政伦理的内涵界定，应该包括如下几个要素：一是行政伦理的本质。二是行政伦理所涉及的核心关系。三是行政伦理的主体。四是行政伦理的客体。从本质上来说，行政伦理与伦理一样，其本质仍然反应的是特定的利益关系，由此而决定了行政伦理的核心关系应该是特定的权利与义务关系；行政伦理的主体不仅包括行政人员，而且应该包括行政组织；行政伦理客体应该包括一切行政行为所面向的所有对象。由上，行政伦理的含义应该是行政组织及其行政人员在行政活动中所应该遵循的伦理标准，是调整政府及其组织、公务员、社会之间关系的行为规范的总和。

---

　　① 吴祖明、王凤鹤主编：《中国行政道德论纲》，华中科技大学出版社 2001 年版，第 3 页。
　　② 王伟等：《行政伦理概述》，人民出版社 2001 年版，第 63 页。
　　③ 我个人很赞成张国庆先生对行政伦理内涵要素的界定，他认为：就行政伦理的内涵来说："特定的利益关系原则是行政伦理的本质所在，特定的权利义务关系是行政伦理最基本的组成要素，特定的主体性价值是其基本结构，特定的约束机制是其基本功能，特定的范畴构成是其基本体系，特定的文化内涵又反映了行政伦理发展的基本机制"。参见张国庆主编：《行政伦理学概论》，北京大学出版社 2000 年版，第 522—526 页。
　　④ 周奋进：《转型期的行政伦理》，中国审计出版社 2000 年版，第 6 页。

（二）行政伦理功能界定

要对行政伦理的功能进行分析,首先必须对行政伦理在行政系统中的地位进行进一步的准确定位。何晓英认为,行政伦理在整个行政系统中属于一种精神性要素,它是行政实践的价值指导性因素,是公共行政的灵魂所在。[①] 对于行政伦理在整个行政系统中的重要地位,乔治·弗雷德里克森认为:"我们从来不认为公共行政的理论和实践仅仅是技术的或者管理的问题。那种一方面把政府政治和政策制定过程作为价值表达,另一方面把行政作为单纯技术的和价值中立的政策执行的做法,是失败的。无论任何人,欲研究行政问题,皆要涉及价值之研究,任何从事行政实务的人,他实际上都在进行价值的分配"[②]由此可见,行政伦理在行政系统中的地位可以从两个方面进行界定:一是行政伦理是政府行政的价值理性表达。作为政府,行政伦理表达了政府行政行为的整体价值追求,处于价值理性和价值基础性的地位;二是在具体的行政过程中,政府行政行为通过具体的行政技术和行政方法进行利益分配和矛盾调和,实现价值分配。于其中,行政伦理贯穿行政全过程,既是价值指导,又是行政方法和技术手段,具有工具价值和合理性追求的作用。

目前在学界或者在现实中,大家对行政伦理的功能形成了一些具有一致性的观点:一是行政伦理和制度相比,在调节利益关系时,前者主要依靠组织、个体自律和社会舆论监督,后者主要依靠国家机器和强制力;二是行政伦理在现实中也和伦理一样具有个体性,其作用力主要依托于个体道德自律结构;三是履行行政伦理义务大多是无偿的,而履行制度义务是与义务主体的权力相对应的;四是因为行政主体处于资源掌握者和权力行使者的身份,认为行政伦理是一种特殊的职业伦理。前三种观点的出发点主要来源于伦理与制度的功能和作用机制的差异,后一种观点主要基于行政管理职业的特点而产生的。这些关于伦理的一般普遍性的观点,揭示了伦理作

---

① 何晓英:《我国行政伦理建设的价值选择及其实现路径探析》,山东大学硕士毕业论文,2009 年 4 月,第 8 页。

② 乔治·弗雷德里克森:《公共行政的精神》,中国人民大学出版社 2003 年版,第 142 页。

为一种社会规范体系所体现出来的最一般性作用,但是却忽视了伦理与制度之间相互衔接的关系。体现在行政伦理上,也就是没有对由行政伦理与行政制度之间的同质性、同源性和同一价值指向性所决定的相互转化关系引起足够的重视,即行政伦理可以转化为行政制度,伦理需要制度支撑,没有制度支撑的伦理是不稳定的,反之,而没有伦理基础、缺少伦理底蕴、不体现伦理关怀的行政制度则是不道德的制度和不具有生命力的制度。由此,必须从动态的角度和联系的观点对行政伦理的功能进行进一步说明。

1. 行政伦理是行政价值的核心表达,是政府行政合理性的基点,也是政府行政实践的价值指导。政府存在和确立的合理性基础是什么,人为什么需要政府来管理社会,公共行政的价值基础是什么,这三个问题都关涉到一个共同的问题,即政府的伦理合法性问题。亚里士多德的"政治动物论"、霍布斯的"自我保护论"分别从"性善"与"性恶"的角度,揭示了良好社会秩序需要公共权力主张。洛克认为:"人类天生是自由的,历史的实例又证明世界上凡是在和平中创建的政府,都以上述基础为开端,并基于人民的同意而建立的。"[①]大卫·休谟认为:"由于力量总是在被统治者一边,统治者除了公众信念的支持,别无依靠。因此,政府是完全建基在公众信念之上的。"[②]姑且不管以上观点是否有偏颇之处,但都对政府的起源、政府的构建以及政府的运行等方面进行了伦理合法性论证,尤其对伦理在政府构建中的基石地位和行政伦理在政府运行中的价值基础作用有了一致性的认可。总观政府的起源、构建和运行过程,可以这样简要界定:政府的起源涉及除伦理以外的诸多因素,即使是伦理合法性也是多角度的共同界定;但在政府构建和运行中,行政伦理却具有政府行政理念构建和行政过程中的基础性价值指导作用。

2. 行政伦理是公共行政中各种利益关系的反应。利益是伦理产生的基础,与行政伦理有关的利益关系是公私利益,所以一般来说,行政伦理是有

---

① 洛克:《政府论(下篇)》,商务印书馆 1964 年版,第 64 页。
② 大卫·休谟:《休谟政治论文选》,商务印书馆 1993 年版,第 19 页。

关公私利益关系的规范和准则体系,其所反应的是行政主体与不同行政客体之间的行政关系、利益关系和伦理关系。从本质上说,行政伦理反应的利益关系实际上还是一种行政权利和行政义务的关系。

3.行政伦理是以公民道德为基础的职业伦理,具有特定的伦理结构层次。善的社会主要由私人美德、公民道德、民族精神等基本内容构成。其中,私人美德构成善的社会的人格因素,公民道德构成善的社会角色认同,民族精神构成善的社会的公共理性。因此,善的社会必须首先以成熟的公民作为实践主体,公民道德则是成熟公民的主体德性。① 行政人员首先是以公民作为基本身份,以公务员作为职业身份而存在的。所以,公民道德是行政伦理的基础和前提,换句话说,公民身份是行政伦理职业化的道德身份基础。

4.行政伦理的约束力不仅仅只是传统的个体信念和社会舆论,而且应该是具有特定职业要求和强制力的规范。前者是从一般伦理规范的角度来看待行政伦理职业关系的约束力,后者指的是行政伦理关系中改变约束方式后,作为行政伦理制度的基本伦理规范的效力问题。也就是说,行政伦理应该具有伦理的一般要求和约束方式,同时行政伦理也可以是更有强制力的形式存在,如法律法规、制度、职业标准等。

(三)当代中国行政伦理制度化的功能定位

著名哲学家罗素曾说过:"道德至少有两个不同的方面。一方面,它是类似法律的社会制度;另一方面,他是有关个人良心的问题。"②行政伦理制度化事关良心和社会制度,具有重要的现实意义。当代中国正处于社会转型期,由政府、市场和社会三者之间深刻变化引起的政府管理体制、社会治理模式和制度供给模式都发生了显著的变化。行政伦理制度化涉及行政伦理和行政制度两个方面,但是其原初的形态和功能来源于行政伦理,其制度化转换的学理基础来源于二者之间的相通性,其转换的动力来源于当代中

---

① 参见李兰芬:《当代中国德治研究》,人民出版社2008年版,第279页。
② 罗素:《权力论》,靳建国译,东方出版社1988年版,第184页。

国公共行政管理和社会治理的需求。因此,行政伦理制度化必须以行政伦理的本源功能为依据。它主要指向作为方式和手段的行政伦理制度化如何把伦理向制度转化以及如何实现政府伦理责任两个基本问题。

1. 方法功能

行政伦理制度化的方法功能是指其在当代中国政府公共行政实践和公共行政研究中,所体现出来的方法性作用。在方法论视野下,当代中国行政伦理制度化是一种公共行政实践和公共行政研究的方法。它包括三个层面的内涵:一是制度创新的方法。行政伦理制度化搭建了非制度化建设与制度建设之间的桥梁,把传统制度认为属于非正式制度范畴的伦理有序纳入正式制度建设体系,不断产生新的制度,丰富制度体系,为政府管理提供新的制度供给和手段,同时通过伦理制度化的制度创新,加强非制度化建设,为伦理道德提供新的制度支撑。二是行政伦理管理的方法。行政伦理制度化是行政过程中基于行政管理实际需要的积累,行政伦理制度化形成的行政制度伦理会成为行政制度和行政伦理管理方式,贯穿于整个行政过程;三是公共行政研究的方法。行政伦理制度化是公共行政研究的重要方法之一,究其实质是一种伦理研究方法。

2. 制度功能

行政伦理制度化以行政伦理为转换原点,以制度化为基本手段,实现了行政伦理的伦理制度功能。

行政伦理制度化强调"制度化的行政伦理"。行政伦理制度化将具有共性的和一定抽象性的道德规范、要求和行政制度相结合,使其成为普遍的、强制的约束人们行为的现实行政制度,这就形成了行政伦理制度。实际上,制度化的行政伦理就是以制度形式存在的行政伦理要求和行政道德命令。行政伦理制度化中制度化的行政伦理在本质上是由行政伦理规范转换出来的制度,是对行政伦理要求、行政道德命令制度化后,要求行政主体所必须遵循的系列具有可操作的道德规范。因此,有的学者认为,行政伦理制度中的"伦理制度",本身就是直接的道德规范。因为,制度化了的行政伦理由隐性的要求成为了明示的行为规范,并能够被人们所直观地把握。

行政伦理制度是内外兼顾的制度。行政伦理制度是对行政主体(政府组织及其公务员)伦理道德问题通过制度化的方式加以提倡与保障的制度,使行政制度和行政伦理两通,把伦理精神和价值引导与行政伦理作为内外兼顾的伦理制度,作用于一切行政主体和行政行为。由于伦理道德规范和准则是依靠社会舆论、传统习惯和人们的内心信念起作用的,所以一般认为伦理的调节和规范功能是有限的。但是行政伦理制度化改变了传统的伦理约束支撑点,由社会舆论、传统习惯和内心信念等软约束转化为了以强制力为核心的制度,这一转化有两个明显的作用:一是制度化的行政伦理通过强制力对行政主体的伦理状态进行制度性的监督和保障,行政伦理制度既是对道德准则或规范的制度性保障,是一种促进道德建设的监督机制和保障机制,也是对行政道德准则或规范在效力和可操作性上的有效补充。二是行政伦理制度化生成行政伦理制度,对行政制度给予了有益的补充,成为工具理性与价值理性兼具的行政规范和行政手段。可以说,行政伦理制度化是在追求一种制度化自律和道德驱动自律方面的完美结合。

3. 价值引导功能

当代中国行政伦理制度化的价值引导功能主要体现在政府和制度合法性以及基础性价值引导两个方面。

行政伦理制度化促进政府政治和制度合法性。行政伦理制度化是政治合法性和法律合法性两者的合二为一。行政伦理制度化涉及行政与制度两个方面的问题。涉及行政就意味着要维护政府政治合法性,涉及制度就需要符合制度合法性(法律合法性),因此,行政伦理制度化必须有助于转型期的中国政府确立其政治合法性和制度合法性,前者是指与公众利益的符合度和为绝大多数人的认可度;后者主要是指制度化的伦理必须符合法律规定。

行政伦理制度化强化行政基础价值引导。这种引导作用,表现为两个方面:一是在操作层面上,行政伦理制度化更加注重基础性和规范性伦理的制度性转换。从功能来看,行政伦理并不是解决行政官员是否追求或具备崇高的理想道德境界,而是解决他们是否遵循行使行政权力或做行政事务的约定行为规范的问题。① 因此,行政伦理制度化在当代中国的政府制度建设中,是以行政伦理失范为基本社会问题导向所采取的社会治理手段创新,在操作上,它指向的是能体现基本职业关系、社会关系和价值关系的最基本的伦理规范的制度化;二是在价值引导上,行政伦理制度化实际上是对行政职业最基本伦理价值观念和价值关系的制度肯定形式,从这个意义上讲,当代中国行政伦理制度化更注重其具有制度伦理性质的行政功效和社会治理实效。通过这一基础性和规范性的伦理制度化转换,强化了行政职业伦理中的基础伦理要求,为转型期行政主体建立了更加可靠的、具有基础性的行政价值导向,为行政主体追求更高的行政价值提供了新的制度保障。

4. 政府伦理责任实现功能

行政伦理制度化是对当代中国行政伦理责任实现方式的探索。行政伦理制度化的一个重要目的在于力求建立完整的政府伦理责任体系和伦理责任监督制约机制。行政伦理制度化通过开展行政伦理立法、制定行政伦理职业标准、建立行政伦理组织、开展行政伦理教育和强化行政问责等举措,进一步明确政府伦理责任、量化政府责任、实现政府责任,治理行政伦理失范。它以法律和制度为保障,把行政主体责任、监督机制和责任追究机制等制度化,创建行政伦理制度,以制度保障伦理功效,力图实现"善政—组织目标"和"廉政—个体目标"两大目标,为解决当代中国行政伦理失范问题,从制度创新、机制构建和伦理管理等角度,提出较为完整的当代中国行政伦理责任体系和行政伦理责任实施机制。

当然,行政伦理制度化只是当代中国公共行政实践和研究中的一个方面,在重视其重要性的同时,也不能无限夸大其作用。强调转型期中国行政伦理制度化的重要性,并不意味行政伦理制度化能够解决转型期中国社会出现的所有行政伦理失范问题,它只是转型期中国政府社会治理中制度创新和治理方式中的一部分,必须与政府行政体制改革、经济体制改革、政治

---

① 刘可风:《论中国行政伦理问题及其实质》,《武汉大学学报》2003 年第 5 月第 3 期,第 299 页。

体制改革、文化体制改革等诸多更加具有基础性和根本性的重大改革相适应,是以良好的政治合法性和政府治理合理性为前提的,如果没有好的政府,一切行政伦理制度化都是无意义的。

第二节 行政伦理制度化与行政制度伦理化

在人类发展史上,道德是最早的行为规范,与人类社会相伴相生,法律和制度是阶级社会后的产物。人类社会发展历史上最早的法律和制度形式是不成文法,而不成文法的前身也就是习惯和道德。在法律和制度产生以后,其内容的不断丰富和系统化过程,实际上也就是道德规范大量转化的结果,许多法律和制度实际上也就是道德规范。所以,实际上说,法律和制度的价值上是以伦理的"应该"之"善"为基础,而且在形式结构上也是以道德规范和道德习惯为基本来源,这种价值和形式上的一致性,既证明了伦理道德与法律制度之间的共生和衍变机制的相通性,也说明了伦理道德与制度互为支撑、双向衔接是符合人类历史和人类文明发展趋势的。虽然伦理与制度的关联性确实阐明了行政伦理制度化的可行性途径和行政制度体现伦理底蕴的必要性,但是,行政伦理制度化和行政制度伦理化的内涵是有很大区别的。

一、行政伦理制度化

行政伦理制度化的直接形式是行政伦理制度。行政伦理制度化主张通过行政伦理(道德)制度化、法律化的方式,来制定各种符合伦理道德要求的强制性规则;主张通过伦理立法建立行政伦理责任机制,从制度和伦理结合的角度来解决行政权力和行政道德失范。

(一)行政伦理制度化是指"制度化的行政伦理"

行政伦理制度化将具有共性的和一定抽象性的道德规范、要求和行政制度相结合,使其成为普遍的、强制的约束人们行为的现实行政制度,这就形成了行政伦理制度。实际上,制度化的行政伦理就是以制度形式存在的行政伦理要求和行政道德命令。行政伦理制度化中制度化的行政伦理在本质上是由行政伦理规范转换出来的制度,是对行政伦理要求、行政道德命令制度化后,要求行政主体所必须遵循的系列具有可操作的道德规范。因此,有的学者认为,行政伦理制度中的"伦理制度",本身就是直接的道德规范。因为,制度化了的行政伦理由隐性的要求成为了明示的行为规范,并能够被人们所直观地把握。

(二)行政伦理制度是内外兼顾的制度

行政伦理制度是对行政主体(政府组织及其公务员)伦理道德问题通过制度化的方式加以提倡与保障的制度,使行政制度和行政伦理两通,把伦理精神和价值引导与行政伦理作为内外兼顾的伦理制度,作用于一切行政主体和行政行为。如上所述,由于伦理道德规范和准则是依靠社会舆论、传统习惯和人们的内心信念起作用的,所以一般认为伦理的调节和规范功能是有限的。但是行政伦理制度化改变了传统的伦理约束支撑点,由社会舆论、传统习惯和内心信念等软约束转化为了以强制力为核心的制度,这一转化有两个明显的作用:一是制度化的行政伦理通过强制力对行政主体的伦理状态进行制度性的监督和保障,行政伦理制度既是对道德准则或规范的制度性保障,是一种促进道德建设的监督机制和保障机制,也是对行政道德准则或规范在效力和可操作性上的有效补充。二是行政伦理制度化生成行政伦理制度,对行政制度给予了有益的补充,成为工具理性与价值理性兼具的行政规范和行政手段。可以说,行政伦理制度化是追求一种制度化自律和道德驱动自律方面的完美结合。

(三)行政伦理制度化力求建立完整的政府伦理责任体系和伦理责任监督制约机制

无论是对行政主体的约束,还是行政伦理制度化本身所蕴含的伦理与制度内涵,都是从面向对象和作用机制的角度阐明其可能性的。但是,从最终的价值和结果追求来看,行政伦理制度化的目的在于明晰行政主体的行政伦理责任和这种责任的监督制约方式,建立一种具有可操作性的行政伦理责任机制,在落实伦理责任的同时,其重心在于实现公共行政伦理管理体系的现代化,提高行政主体的伦理管理能力。因此,行政伦理制度化除了强调伦理立法外,力图建立具有法律效用的行政伦理标准、建立行政伦理组织和加强行政伦理问责等举措,以法律和制度为保障,把行政主体的责任、监督机制和责任追究机制等制度化,以伦理创建制度,以制度保障伦理的效用。

综上,伦理制度像其他制度形式一样,可以通过相应的制度措施,明确伦理违责的标准和后果,直接制约人们的行为,从外部规约行政主体做出合乎伦理制度的行为,为行政伦理主体的德性培育建立更加完善的制度化他律保障机制,促进行政主体道德品格的形成。

二、行政制度伦理化

制度本身的合伦理性和合道德性是行政制度伦理化的直接目标指向,它强调行政制度制定、选择和执行必须合乎伦理要求,接受道德的评价。所以行政伦理制度化和行政制度伦理化强调的是把作为职业道德的一些行政伦理原则、规范提升为制度和作为制度的行政制度体系汲取道德观念和伦理意识,体现伦理关怀和伦理精神。

(一)行政制度伦理化强调制度中的行政伦理

行政制度伦理化强调制度中的行政伦理,即行政制度本身所体现出的伦理性。行政制度伦理化包括三个方面的含义:一是在设立制度时,往往要依据特定的伦理原则和道德要求,体现伦理价值。虽然行政伦理本身并不是具体的、直接的制度,但是通过行伦理政制度化,使行政伦理成为伦理制度;通过行政制度伦理化,使制度中具有一定的与行政伦理道德相关、甚至相同的内容。通过两个相向的途径,使行政伦理获得制度支撑,又使行政制度体现行政伦理要求。二是适应不同时代、不同社会背景和不同阶段的社会需要,行政制度中所体现的行政伦理原则和行政伦理要求,以及作为行政制度所指向的行政伦理目的,反应的行政伦理精神,能够体现时代的主导价值观和主流伦理精神,是一种制度伦理意义的社会现实表现。三是行政制度给行政伦理建设提供制度支撑。行政制度体现公共行政领域最基本的道德要求,同时对行政伦理建设提供基本的赏罚标准和强制力,对于稳定公共行政职业关系、培育公共行政主体的行政伦理素质具有一般的行政伦理所不具备的强行约束力。因此,行政制度伦理与政治制度、法律制度、经济制度等虽然有很大的区别,但是却可以使这些制度体现最大程度的道德意义,实现最大化的道德"善"。

(二)行政制度伦理化体现制度的伦理效应

行政制度为行政制度伦理化提供了强有力的制度依凭,在行政伦理道德建设中有着十分重要的作用和意义。行政制度是政府管理和实现社会功能的重要手段,在实际管理实践中,行政制度所体现的伦理功能不仅会使制度体现出人本性和价值性追求,而且,在处理涉及伦理道德、价值冲突等具体道德问题时,制度的伦理性功能便会进一步凸显。如果没有一定的行政道德价值,行政管理就会走向纯技术和工具化的路线,行政主体,尤其公务员就会成为机械执行命令,对职业和社会价值以及精神操守冷漠不顾的"机器"。因此,解决行政过程中的权力使用和道德问题,要充分发挥行政伦理制度和行政制度伦理德性培育和制度安排二者相通的优势,使行政制度设计和安排体现伦理价值,使行政伦理得到行政制度的支持,培育有德性的行政主体,正确处理行政过程中的公私利益关系和伦理冲突,不断强化其道德意志,提高其伦理行政能力。

(三)行政制度伦理化强调制度伦理评价

制度伦理评价是一种特殊的价值认识活动,是对制度之合乎科学性、合制度之发展规律性、合制度存在之价值性及合制度为人的自由全面和谐发展之目的性的统一。制度伦理评价包括目的评价形式、过程评价形式和结果评价形式三大形式和宏观、中观和微观三个层面。[①] 在评价的目的上,行政制度伦理化强调行政制度选择的伦理价值尺度和价值目标实现程度,强调行政制度中包含的"伦理"精神,在制度设计时,制度与经济制度、法律制度、政治制度不能违背伦理道德规范,要体现伦理价值和伦理精神;在过程

---

① 龚超:《制度伦理评价的基本内容》,《湖北社会科学》2007 年第 3 期,第 37 页。

上,行政伦理制度化强调行政伦理制度和行政制度伦理形成、发展的机制评价,强调制度实施过程中的运行情况和影响因素的评价;在结果上,对行政制度运行的合规律性、合理性进行评价,是对行政制度的结果性价值评价。在评价的层次上,行政制度伦理化不仅要求社会根本制度体现伦理精神,反应社会最根本、最普遍的行为规范体系和行为关系,而且对具体详细的规章制度和制度运行体制,进行伦理评价。行政制度的制度伦理评价功能是宏观制度、中观制度和微观制度三个层次制度在实践中所发挥的伦理效应、伦理作用的综合评价,也是各层次行政制度设计和运行的重要伦理评价标准。

三、行政伦理制度化与行政制度伦理化的关系

行政伦理制度化和行政制度伦理化是行政伦理和行政制度的双向互动统一,是一个动态的过程,二者之间互为条件,互相作用。"没有基本制度的伦理性,就很难在社会上形成讲道德的风尚,没有制度化的道德措施,也很难使基本制度所规定的伦理原则转化为现实社会的道德行为。"[1]

行政制度伦理化和行政伦理制度化是以存在于基本行政制度中的伦理要求和实现行政伦理制度化的辩证统一,是行政制度的伦理论证与行政伦理的制度化支撑双向互动的过程。行政伦理制度力图通过行政伦理制度化路径把一些行政伦理道德转化为行政制度,使之与政治、法律等一样具有同样的监督和保障力量及作用。当然,行政制度如果只是外在的、强制的行为规则,而不涉及伦理道德的要求,就会变得僵硬乏味,其约束力也是令人质疑的;行政伦理如果只是自律的、个人的、形而上学的道德,而不考虑法律化、体制化、制度化的道德规范,其约束力在某些方面很可能就是软弱而有限的。[2]

因此,行政伦理制度化和行政制度伦理化的关系,究其实质,前者是行政伦理的制度支撑和行政伦理的制度实现问题,其目的是要建立制度化的

---

① 梁禹祥,南敬伟:《诠释制度伦理》,《道德与文明》1998 年第 3 期,第 20 页。
② 吴秀莲:《制度的伦理界定》,《实事求是》2007 年第 1 期,第 8 页。

行政伦理责任体系;后者是行政制度的伦理评价和行政制度的伦理体现问题,其目标是实现行政制度的伦理底蕴。

第三节 作为方法的行政伦理制度化

这里所说的方法是指公共行政学方法论。公共行政管理的方法体系大体上由不同层次性方法和不同领域性方法构成,不同层次性方法是指公共行政实践层面、理论层面和哲学层面的方法,分别可称为具体方法、一般方法和方法论;不同领域性方法则是指公共行政的实践、理论和哲学层面的具体方法。① 从方法论视角研究行政伦理制度化,主要探讨行政伦理制度化在公共行政管理实践中的方法性和工具性作用以及行政伦理制度化对于公共行政研究中的作用,是属于公共行政实践、理论层面和实践领域相结合的方法。

公共行政学方法论视角下的行政伦理制度化包含三个层面的含义:一是行政伦理制度化是行政伦理与行政制度双向同化的方式之一,是行政伦理向制度靠拢并创新为制度的方法;二是行政伦理制度化是一种行政伦理管理方法;三是行政伦理制度化是公共行政研究的重要方法之一,其实质是一种伦理学研究方法。前两者是属于实践层面和实践领域的方法,后者是属于理论层面和理论研究领域的方法。

一、制度创新方法

真正在现代科学基础之上系统综合地运用行政伦理制度化方法研究公共行政问题是在二十世纪六七十年代以后,其主要目的是为了解决经济社会发展中的伦理危机和道德困境。"水门事件"的发生,引发了二十世纪六七十年代美国社会严重的道德危机,从而对公共行政领域的道德问题和政

---

① 芮国强:《全国首次公共行政管理方法论创新学术研讨会在沪召开》,《全国首次公共行政管理方法论创新学术研讨会资料文集》2004 年 1 月,第 301 页。

府道德问题产生更具批判性的反思。20 世纪 70 年代末 80 年代初以来,公共政策的伦理学方面或价值分析受到人们的重视,①随后,新公共行政运动风靡全美国,行政伦理制度化成为公共行政制度创新的主要方式之一,提出了系列与行政伦理紧密相关的新的公共行政学新范式,其主要内容包括:强调以公平与民主作为行政学的目标和理论基础,主张政治(政策)与行政关联性;重视人性和行政伦理研究,倡导民主主义的行政模式以及灵活多样的行政体制的研究;拓展行政学的研究范围,要求采用新的研究方法等等。

与行政伦理紧密相关的公共行政学新范式不仅为公共行政注入了价值和伦理正义的行政体制探索新活力,也为行政制度构建和行政管理提供了一种新的伦理视野,即行政伦理制度化的制度创建模式和公共行政的伦理管理模式。行政伦理制度化通过改变行政伦理的表现形式和支撑力,使行政伦理成为可以量化的行为准则,成为具有强制力的制度,成为合伦理、合制度的伦理制度。它搭建了非制度化建设与制度建设之间的桥梁,把传统制度认为属于非正式制度范畴的伦理有序纳入正式制度建设体系,不断产生新的制度,丰富制度体系,为政府管理提供新的制度供给和手段,同时通过伦理制度化的制度创新,加强非制度化建设,为伦理道德提供新的制度支撑。从行政伦理到行政伦理制度,是当前世界各国治理行政伦理失范所普遍采用的制度建设方式之一。

无论是当代中国的行政伦理制度化,还是西方其他国家较早开展并日趋完善的行政伦理制度化建设,在其产生的内在原因上,现实需求是其原驱动力。正如制度经济学所认为的:制度作为经济发展的内生变量,与其他物品一样,都有供给与需求。制度创新的过程,实际就是制度这一产品的供给与需求不断在动态变化中达到均衡的过程。在制度创新的类型上,制度经济学认为,制度创新基本上可分为两种类型:一种是诱致性制度变迁,另一种是强制性制度变迁。事实上,制度创新在原初的动力驱动和诱因上,可以判断出制度创新的类型,但是在实际的制度创建和实施中,是难以明确划分

---

① 陈振明:《政策科学——公共行政分析导论》,中国人民大学出版社 2004 年版,第 582 页。

其类型的,任何制度创新都是混合型和综合性的制度建设,行政伦理制度化同样如此。在制度创新的主体上,真正成为公共行政制度并予以贯彻执行的最终主体一定离不开政府。行政伦理制度化作为一种制度创新的方式,虽然每个国家在其特定的历史时期都有着其特殊的经济社会发展背景、政府治理模式的转型以及由此所产生的政府道德建设的现实需求,成为推动行政制度变迁的外因,但是为适应社会发展需要,政府必然成为公共行政体制、公共行政制度和公共行政管理模式变迁的重要主体。

综上,行政伦理制度是诱致性变迁和强制性变迁相结合的混合型制度创新,与其他公共行政制度创新相比较,行政伦理制度化作为制度创新的方法,有其特殊的指向和独特的功能。

(一)赋予行政职业伦理以制度支撑

如前所述,伦理的主要规范力量依靠个体自律、内心信念和社会舆论,是自律和他律相结合的约束方式,但是由于过于片面地认为伦理道德的自律作用,对他律和如何构建促进自律形成的他律机制缺少系统的研究,所以,行政伦理领域的伦理失范往往归咎为人和组织,而不去深层次考虑制度和通过制度进行价值引导的问题。提出行政伦理制度化的目的之一就是要通过这种制度化途径为寻找行政职业伦理的制度支撑点和行政制度的伦理体现方式。行政伦理制度化作为当代中国制约行政伦理失范的方式之一,它首先是从行政职业伦理入手的:一方面通过加强行政伦理制度化和非制度化建设的有效措施,为行政职业伦理提供了伦理和制度并存的约束机制,引入了制度强制力;另一方面,行政伦理制度化使职业伦理的一些基本要求由违反道德上升到了违反制度或法律,提高了违反伦理道德的成本。

(二)强化政府道德制度化建设

方法论视野下的行政伦理制度创新,其所强化的政府道德制度化建设,有着其特殊的主体范围和制度化责任要求。第一,政府道德制度化所指向的主体不仅包括人,而且包括组织。政府道德有广义和狭义之分,狭义的政府道德实际上指的是政府组织道德;广义的政府道德不仅包括政府组织,而且包括行政人员。① 行政伦理制度化作为一种制度创新的方法,力求用伦理制度建设的方式去规范和约束政府及其行政人员的行为,以实现善的政府和善的人相结合的善政、善治和廉政目标。第二,行政伦理制度化力求为实现政府责任提供伦理制度保障。政府道德制度化是政府道德责任化的前提,是公共行政法治化和伦理化的组织保障和人本保障。一个负责任的服务型政府必须为社会提供合道德的制度供给、公共政策和公共产品,要切实履行公共服务责任。因此,一个负责任的政府是实现公共服务责任的必要前提。行政伦理制度化力求强化政府道德制度化建设,通过行政管理的伦理化与法治化融合的方式去强化政府道德责任,具体来说,要实现行政制度的伦理化、公共政策的伦理化、行政机制的伦理化、道德责任的制度化和行政主体的道德化。②

(三) 伦理价值分析方法成为行政制度设计的重要方法之一

行政伦理制度化涉及行政制度伦理化和行政伦理制度化两个方面的关系,前者强调的是制度的伦理价值追求和伦理评价,后者强调的是伦理制度和伦理如何实现有效的制度支撑。两者之间的核心关节点是制度与伦理之间共同的价值追求和实际效用上的相互支撑关系。行政制度中的价值分析和伦理目标实现归根结底是制度安排伦理。R. M. 克朗在《系统分析和政策科学》中十分明确地指出:"价值分析在系统分析和政策科学中是至关重要的";③"价值分析应该成为规范性研究(如研究'应该如何')、政策分析、系统的设计与重新设计以及改进,政治上可行性的判定,或者未来研究等等的一个组成部分。"④从伦理向制度转化的角度来看,行政伦理制度化的过程就是制度设计和制度安排的一部分,需要二者具有共同的价值要求、共同的价值标准、相同的价值功能,因此行政伦理制度化是行政伦理与行政制度相

---

① 参见钱东平:《论政府的德性》,南京师范大学博士论文,2004 年 5 月,第 23 页。来源:中国学术文献网络出版总库。

② 孟昭武:《服务型政府的道德责任》,《湖南城市学院学报》2009 年第 4 期,第 1 页。

③ 克朗 RM:《系统分析和政策科学》,陈东威译,商务印书馆 1985 年版,第 34 页。

④ 克朗 RM:《系统分析和政策科学》,陈东威译,商务印书馆 1985 年版,第 263 页。

向同时进行的价值分析过程。

二、行政伦理管理方法

库珀在其《行政伦理学》中明确说明"本书为我们指出了通向公共行政伦理的可能途径:行政人员个体掌握分析和解决具体伦理困境问题的技术,以及各组织和管理部门的合作以培养负责任的行政行为能力。"①方法论视域下的行政伦理制度化是一种伦理分析能力、伦理困境处理技术和公共行政行为能力相统一的行政伦理管理方法,是政府法治行政的有益补充。在这一过程中,行政伦理制度化可以认为是现代公共行政中目的价值(行政伦理责任)和工具价值(行政伦理制度化)相结合的行政伦理管理方法。作为行政伦理管理方法的行政伦理制度化力求提供这样一种路径和方法,主要包括四层含义:一是为公共行政主体处理伦理困境提供了伦理制度准则;二是通过行政伦理制度化进一步稳定行政职业关系;三是强化行政基础价值引导;四是使行政伦理责任真正成为可行的政府责任。

(一)为公共行政主体解决具体伦理困境问题提供伦理制度准则

行政伦理制度化作为一种行政伦理管理方法,首先为行政主体提供了分析和解决具体伦理困境的方法和依据。行政主体在现实中面临的行政伦理困境,所折射的既是一种伦理困境也是一种制度困境,体现在行政过程中则是价值依凭和制度依据的缺失。行政伦理制度化通过伦理与制度衔接,力求通过制定行政伦理职业标准和行政伦理立法,把反应基本职业关系的道德要求法制化和标准化,使行政伦理制度成为制度化的行为标准和价值要求,成为公共行政主体在处理行政伦理困境时所依凭的价值判断标准和行为选择标准。

对于当代中国的行政管理而言,行政伦理制度化意图探索伦理制度化的技术路径和方法去治理行政职业伦理失范。一方面,建立强制力的行政伦理职业标准,为缓解社会转型期行政制度的短缺和制度冲突矛盾,提供制

---

① 库珀:《行政伦理学》,张秀琴译,中国人民大学出版社 2001 年版,第 16 页。

度补充和制度创新方法;另一方面,通过公共行政的伦理化和制度化相融合的管理实践,进一步加强政府的伦理能力,实现现代政府的伦理化公共行政。

(二)用制度化的途径稳定行政职业关系

一般来说,职业关系是指职业行为与周围环境的关系。行政职业关系包括行政主体与国家、社会以及行政主体之间等多方面的关系。从行政伦理制度化的角度来谈论行政职业关系,其实是行政职业伦理关系分析。行政伦理因其在长期的行政管理工作中形成的共同道德理想、道德意志、道德纪律、道德品质等,使其在行政职业关系中具有凝聚、导引、调整和规范等功能,对于稳定职业关系具有重要的作用。从某种意义上说,行政伦理失范是由于行政伦理(道德)功能丧失或者功能不全而导致的行政职业秩序无序。

行政伦理制度化是治理行政伦理失范的有效手段,其实质就是要建立一种有序、规范、负责、高效、廉洁的行政职业关系。行政伦理制度化为稳定行政职业关系提供了一种制度化的途径,与以往的行政伦理对行政职业关系稳定的作用相比,它由传统的自我约束和行业自律上升为强制性的行政制度约束,力求构建一种制度化的责任伦理。作为一种职业道德,行政责任伦理"在对个人的要求能够提出之前,必须确定正义制度的内容。"①行政伦理制度化不仅要解决"正义制度内容"的问题,而且意图探索职业伦理与制度相结合的方法,用制度化和责任化的方式去稳定职业关系。

(三)行政伦理制度化强化行政基础价值引导

这种引导作用,表现为两个方面:一是在操作层面上,行政伦理制度化更加注重基础性和规范性伦理的制度性转换。从功能来看,行政伦理并不是解决行政官员是否追求或具备崇高的理想道德境界,而是解决他们是否遵循行使行政权力或做行政事务的约定行为规范的问题。② 因此,行政伦理制度化在当代中国的政府制度建设中,是以行政伦理失范为基本社会问

---

① 约翰·罗尔斯:《正义论》,何怀宏译,中国社会科学出版社 1988 年版,第 105 页。
② 刘可风:《论中国行政伦理问题及其实质》,《武汉大学学报》2003 年第 5 月第 3 期,第 299页。

题导向所采取的社会治理手段创新,在操作上,它指向的是能体现基本职业关系、社会关系和价值关系的最基本的伦理规范的制度化;二是在价值引导上,行政伦理制度化实际上是对行政职业最基本伦理价值观念和价值关系的制度肯定形式,从这个意义上讲,当代中国行政伦理制度化更注重其具有制度伦理性质的行政功效和社会治理实效。通过这一基础性和规范性的伦理制度化转换,强化了行政职业伦理中的基础伦理要求,为转型期行政主体建立了更加可靠的、具有基础性的行政价值导向,为行政主体追求更高的行政价值提供了新的制度保障。

(四)使行政伦理责任真正成为可行的政府责任

行政伦理制度化为政府加强行政伦理管理提供了一种伦理责任管理方法。行政伦理制度化主张通过行政伦理立法、建立行政伦理职业标准、建立行政伦理组织、开展行政伦理教育、加强行政问责等举措,来构建一个完整的政府行政伦理责任体系,其中行政伦理立法和行政伦理职业标准的建立,为行政伦理管理明确了法律定位,提供了行为标准,使行政伦理责任走向法制化、明确化和系统化的轨道;同时建立行政伦理组织使行政伦理责任具有专门的管理部门,开展行政伦理教育解决了行政伦理知识和素质培养的问题,加强行政问责,为行政伦理问责建立一个完整的责任追究机制,使公共行政伦理责任真正具有可操行,落到实处。

行政伦理制度化是对当代中国行政伦理责任实现方式的探索。行政伦理制度化的一个重要目的在于明确政府伦理责任、量化政府责任、实现政府责任,治理行政伦理失范。行政伦理制度化包括开展行政伦理立法、制定行政伦理职业标准、建立行政伦理组织、开展行政伦理教育和强化行政问责等内容,力图实现"善政—组织目标"和"廉政—个体目标"两大目标,为解决当代中国行政伦理失范问题,从制度创新和机制构建角度,提出较为完整的当代中国行政伦理责任体系和行政伦理责任实施机制。

三、行政研究方法

行政伦理制度化作为研究的方法是指对公共行政用伦理方法来进行研

究。近年来,西方公共行政研究的重要方法之一,就是伦理方法,亦称伦理学方法。它是从伦理的视角和层面,以伦理规范为工具,对公共行政的全部过程及相关方面进行伦理分析,抽象概括出符合一定文化背景下道德规范要求的公共行政的理论、原则和方法。[①] 行政伦理制度化作为研究公共行政的一种伦理方法,具有以下几个方面的特点:

(一)道德实践是基本判断

道德实践是在一定的道德意识指导下有目的的社会活动。包括道德行为、道德评价、道德教育、道德修养和其他具有道德价值并应承担道德责任的活动。公共行政是道德实践活动中的一种,行政伦理制度化根据公共行政的特殊性,用伦理方法来分析其具体的道德实践过程,考察这一过程中公共行政价值目标实现的方式和结果。

行政伦理制度化认为公共行政行为应该是一种道德行为选择。行政伦理作为一种工具和手段,通过对行政价值进行评价,实现行政价值,就是要在公共行政价值主体和客体的相互作用中,使作为客体的公共行政的潜在价值,转化为公共行政的现实价值和外在价值,对其主体—人类社会产生预期的意义,在某种程度上满足公共行政价值主体的需要,也即公共行政的价值目标的现实化过程。[②] 行政伦理制度化就是要考察公共行政主体在做出某种行政行为选择时,所依据的价值标准、行政主体对行为的认知度、行政规则的作用等,以及在公共行政由既定的价值目标(潜在价值)到现实的价值实现过程中,对行政行为进行行政伦理价值评估,从中发现伦理规范和制度对公共行政行为选择的影响,从而确定何种伦理制度化和如何制度化来实现公共行政行为的合道德选择。

此外,在行政价值实现价值客体主体化的过程中,主客体都会面临着价值冲突和价值选择的问题,行政伦理制度化是公共行政道德实践中特殊的道德争议分析方法。行政伦理制度化实施的现实需求来源于公共行政过程

---

① 许淑萍:《论公共行政研究的伦理方法》,《学习与探索》2007年第4期,第90页。
② 张富:《公共行政的价值向度》,中央编译出版社2007年版,第136页。

中的道德困境和道德冲突,其隐含的前提是一切公共行政活动都应该恪守道德,因此行政伦理制度化就是对公共行政进行道德争议分析、解决道德冲突和实现道德共识的过程。只是这一过程的特殊性在于,以公共行政道德实践为基础,以道德争议和价值冲突为分析对象,以行政伦理制度化的方式去寻求解决办法,这是一个动态的评价过程,也是一个公共行政的道德实践完善过程。

(二)利益关系是基本视角

社会生活和公共行政中的伦理冲突本质上是利益冲突。作为研究方法的行政伦理制度化,以伦理道德调节利益关系的功能视角,来分析公共行政提供的公共服务、做出的公共决策是否有利于合理调节经济社会生活中的利益关系,并循此分析路径来开展行政伦理制度化研究。

行政伦理制度化中的利益关系视角是从行政主体所面临的多重利益角色的角度来进行考察的。不同的利益角色有着不一样的利益关系,当同一主体承担多个角色时,就会面临利益选择。对于行政组织而言,如何规避小集体的政府组织自利性,服从国家利益,实现和扩大公共利益;对于公务员而言,职业角色和社会角色的多重复合是产生利益冲突的重要原因。行政伦理制度化,就是要分析这些不同的利益关系,为行政主体处理各种利益冲突,以公共利益至上为最大追求目标的同时,合理实现自身的正当利益,提供行为准则。

(三)权责关系是基本逻辑

行政管理中的行政主体与其他职业中的主体最大的区别就在于其拥有法定的权力,在社会管理中,与行政客体会形成不对称的主客体关系;在行政管理过程中,行政主体有可能不履行法定的、与权力对称的行政责任。

权力失范是造成伦理失范、社会失范、政府失信的重要原因。行政伦理制度化的目的在于强调公共行政中的责任和义务,强调公共行政组织及其个人不仅拥有因委托而产生的权力,而且应该承担相应的政治责任、法律责任和道德责任等,虽然行政伦理制度化作为一种分析方法是从伦理的角度出发的,但是约束权力、承担责任是行政伦理制度化的目标指向,行政伦理制度化通过分析权力失范的原因、行政伦理责任构成要素、行政伦理形成规律以及行政伦理责任实现的途径等,来实现政府伦理化管理和决策,实现权力与责任一致的公共行政责任体系建设。

(四)伦理规范是基本分析工具

行政伦理规范是行政主体在行政管理职业活动中所应该遵循的所有道德要求,既包括对思想意识、价值观念,也包括行为准则、职业标准等。作为基本研究方法和研究工具伦理规范,是指通过对行政伦理规范分析,去研究行政伦理在行政活动中的作用和特殊性。

从行政伦理规范出发去考察行政伦理的实际效力。行政伦理规范是行政主体活动最直接的道德约束力。通过伦理规范工具分析方法,可以研究行政伦理规范为行政机关及其工作人员确定了具有何种导向、何种范围、何种效力和何种标准的行政行为规范,从而为进一步完善行政伦理提供最直接的依据。

从行政伦理规范出发去考察行政伦理关系。行政伦理规范是一定社会伦理关系和行政职业关系的反应,是上层建筑中意识形态的一个重要部分,客观存在且不以人的意志为转移,通过行政伦理规范对其所调节和反应的伦理关系,进一步抽象、概括和了解行政伦理关系的内在规律和本质属性,对行政伦理规范的内容进行进一步的完善。行政伦理制度化在遵守行政伦理研究的一般方法基础上,从行政伦理规范反应的最基本行政伦理关系出发去研究需要制度化的基本规范,力求用伦理制度化的方法去稳定和促进这种关系。

从行政伦理规范出发去研究行政伦理制度的最佳表现形式。行政伦理规范是行政伦理关系与行政伦理要求的直接表现形式,通常会表现为道德概念、道德范畴、道德判断等,行政伦理制度化就是要研究这些作为行政伦理要求的伦理学表现形式,改变为伦理与制度结合,符合制度法规要求的正式制度表现形式。

从行政伦理规范出发去进行价值分析。行政伦理制度化,贯彻到实际操作层面时,更加注重规范的转化和实际效力。用道德规范去考察衡量公共行政的制度和行政人员的行政行为,判断其制度和行为符合伦理规范的程度,做出相应的价值判断,而后用制度化的手段去建立合适的标准。正如陈振明先生所说,"价值分析的中心问题是用什么标准证明政策行为的正确、有益或公正"。①

---

① 陈振明:《政策科学——公共行政分析导论》,中国人民大学出版社 2004 年版,第 583 页。

第二章 改革与转型背景下的
当代中国行政伦理制度化

从目标上而言,行政伦理制度化要解决的是行政权力运行规范化、行政主体自律化和行政组织公共服务职责化等方面的问题,其实质是加强行政制度建设,所以行政伦理制度化是行政体制改革的一个部分。其面临的社会背景与当代中国的行政体制改革、政府与社会的关系变化、政府管理模式变化和社会转型等有着深刻的联系。

第一节 行政体制改革

政府自从诞生之日开始,就与社会在博弈与合作中并存。经济社会基础的变化不断促使政府调整管理模式和治理机制,在不断变化中调适和平衡。我国自 1949 年新中国成立以来,先后历经了管制型、管理型和服务型三种治理模式。1978 年改革开放后,社会经济发展基础出现了新的变革,作为经济体制与政治体制的链接纽带——行政体制,先后经历了 7 次大的改革。行政伦理制度化是经济体制、政治体制改革背景下的行政体制改革的一部分。

一、改革开放以来的行政体制改革

从 1982 年到 2014 年的 32 年中,我国先后经历了 7 次大的行政体制改革。每一次改革,具有其独特的社会历史背景、深刻的改革理念变化和不同的改革重心。行政伦理制度化,正是在这些大的改革背景下,经历了提出、清晰、深化的发展过程。

（一）第一次行政体制改革（1982 年）

1978 年,党的十一届三中全会做出战略决策,把全党工作重点转到社会主义现代化建设上,建立与社会主义现代化建设相适应的行政管理体制成为了当时的要务。但是,由于刚刚经历"文化大革命",政府管理正面临着机构庞大、机构林立、职责不清、干部队伍老化、领导职务终身制等系列问题。1982 年开始的行政体制改革,围绕这些问题,在以下几个重点领域开展改革。

1. 机构改革。加强集中统一领导,提高工作效率;减少了副总理的人数,改革了国务院领导体制;裁减合并了一批经济部门,减少直属机构,精简国务院机构,国务院工作部门由 100 个减少到 61 个。

2. 干部人事制度建设。按照"四化"方针(革命化、年轻化、知识化、专业化)选拔了一大批年轻领导干部,规范了各级领导班子的职数;建立干部退休制度,打破领导干部职务终身制。

3. 地方政府机构改革。在精简机构的同时,推进地方政府机构改革。这次改革的原则是"先试点、后推广"。1982 年 4 月,在四川省广汉县首先进行了县级机构改革的试点;随后,在辽宁实行"市管县"体制试点;1982 年,为中央正式发出"改革地区体制、实行市管县体制"的通知,1982 年末在江苏试点,1983 年开始在全国范围内试行。

4. 事业单位改革。从 1982 年到 1987 年,是我国事业单位改革的初步探索阶段。其主要工作重心是适应经济改革和各项社会事业发展需要推进改革,先后在科学技术体制、教育体制、艺术表演团体、体育体制、卫生工作等领域实行改革。通过改革,调整事业单位机构设置,理顺科、教、文、卫等管理体制,扩大事业单位自主权,对部分事业单位实行企业化管理,立法明确事业单位法人地位,加强事业单位机构编制管理,推行专业技术职务聘任制,试行事业单位后勤社会化改革。

5. 行政法制。制定并颁布了"1982 年宪法",新宪法的颁布,根据经济社会发展新时期的需要,进一步健全了国家法制,树立了法律权威,掀开了中国行政法制改革的新时期,为各项改革顺利开展奠定了良好的法制基础。

(二)第二次行政体制改革(1988年)

到1988年前后,我国通过包产到户、生产承包责任制等政策调整措施,奇迹般地解决了中国长期解决不了的吃饭问题。但是,由于长期的计划体制的影响,主要依靠经济体制改革已经不能适应国情的需要,迫切需要推进行政体制改革。这次改革的重点是转变政府机构职能、转变政府管理方式、调整机构设置、明确职责权限。

1. 职能转变。第一,对经济管理部门进行重点改革,非经济管理部门也按照政企分开的原则,推进职能转变,下放权力,调整内部机构;第二,加强宏观调控部门、经济监督部门、社会管理部门以及资产、资源和环境管理部门的职能、机构和编制,财政部、中国人民银行与国家计委成为宏观调控的"三驾马车"。第三,试点推进定职能、定机构、定人员编制的"三定"制度。第四,力图解决、理顺中央政府各部门间的关系。经过这次改革,国务院机构总数由72个精简为68个。[①]

2. 事业单位改革。对事业单位进行清理整顿,实行归口管理;建立政府特殊津贴制度;人才市场开始出现并不断发展;出台事业单位专业技术人员和管理人员辞职辞退暂行规定;进一步推行了专业技术职务聘任制等改革,这一时期事业单位组织机构、领导体制、管理体制、任用制度、工资分配制度等方面的改革有了新的进展。[②]

3. 行政法制建设。1989年4月,颁布《中华人民共和国行政诉讼法》(1990年10月实行),1990年12月,《中华人民共和国行政监察条例》和《行政复议条例》颁布施行。行政诉讼法的颁布标志着中国政府法制建设的不断加强,促进了依法行政,推进了司法审判制度的进一步完善。行政监察条例和行政复议条例的颁布,进一步完善和健全了我国司法监督和行政监督制度。

---

① 来源,人民网,理论频道。
② 邹东涛主编:《中国经济发展和体制改革报告 No. 1》,社会科学文献出版社2008年版,第157页。

（三）第三次行政体制改革（1993 年）

1992 年,党的十四大明确指出:作为政治体制改革的一项紧迫任务,要下决心进行行政管理体制和机构改革,切实做到转变职能、理顺关系、精兵简政、提高效率。这次改革的重点是,加快实行政企分开、转变政府职能。一是着力推进国有企业改革,培育市场体系,推进计划、投资、财政、金融、商贸等宏观经济部门和专业部门的管理体制改革,撤并了一些部门管理的国家局。二是下放权力,减少行政审批事项,各级政府都较多地减少了对企业生产经营活动的直接干预和管理,实行党政机关与所办经济实体脱钩。三是逐步调整政府部门之间关系,明确划分职责权限,解决了一些长期存在的部门职责交叉、权责不清、多头管理等问题;同时,着力理顺中央与地方关系,明确中央与地方管理权限,特别是实行了分税制。四是进一步精简机构编制。[①] 具体内容有如下四个方面:[②]

1. 全国性机构改革。在这次改革中,有三点是值得关注的:第一,把适应社会主义市场经济发展的要求作为行政管理体制改革的目标;第二,这是一场自上而下的全国性机构改革;第三,机构改革与推行国家公务员制度紧密衔接。通过这次改革,国务院各部门精简 20% 的人员,地方各级政府机构在实有人数的基础上精简 25% 的机关人员的目标基本实现,当时各级政府共有近 1000 万名机关工作人员,裁员达到 200 多万名左右。[③] 但其中有相当数量的机关人员被"裁"进了"事业单位"。

2. 事业单位改革。中共十四大后,探索建立与社会主义市场经济体制相适应的事业单位体制成为这一阶段事业单位改革的主要任务。这一阶段的改革,进一步明确了政事分开和社会化的改革原则。事业单位法人登记开始探讨、实行,事业单位人员分类管理制度初步形成,一些地区和有条件

---

① 姜凌雯:《以公共服务型政府为目标推进政府转型》,《辽宁行政学院学报》2010 年第 3 期,第 8 页。

② 邹东涛主编:《中国经济发展和体制改革报告 No.1》,社会科学文献出版社 2008 年版,第 158—159 页。

③ 邹东涛主编:《中国经济发展和体制改革报告 No.1》,社会科学文献出版社 2008 年版,第 158 页。

的部门进行了聘用合同制和管理人员职员制的试点,部分科研院所进行了固定岗位与流动岗位相结合、职务工资和课题工资相结合的人事制度和分配制度改革试点。建立事业单位社会保障体系工作也由理论探索进入实际实施阶段。

3. 行政法制建设。这一期间,先后颁发了几个有重要影响的法律,行政法制建设取得了明显进展。1993 年 8 月,《国家公务员暂行条例》颁布;1994 年 5 月,《中华人民共和国国家赔偿法》通过;1996 年 3 月,《中华人民共和国行政处罚法》颁布。《国家公务员暂行条例》是国家公务员制度确立的标准性法规,是我国人事行政走向管理法制化的一个重要标志;《国家赔偿法》与《行政诉讼法》配套,建立了以行政赔偿为核心的国家赔偿制度;《中华人民共和国行政处罚法》的主要目的是规范行政组织,防止行政处罚的滥用,保障相对人的合法权益,它对政府行政行为提出了明确的行政处罚权限和实施行政处罚的程序。

(四)第四次行政体制改革(1998 年)

1997 年,党的十五大报告又一次提出要"推进机构改革",认为当时"机构庞大,人员臃肿,政企不分,官僚主义严重,直接阻碍改革的深入和经济的发展,影响党和群众的关系",1998 年,在这种背景下,第四次行政体制改革拉开了序幕。这次改革的目标是建立办事高效、运转协调、行为规范的行政管理体系,完善国家公务员制度,建设高素质的专业化的国家行政管理干部队伍,逐步建立适应社会主义市场经济体制的有中国特色的行政管理体制。①

1. 国务院机构改革。与改革开放以来所进行的前三次机构改革相比,1998 年的国务院机构改革,在以下几个方面取得了明显的成效。第一,政企分开取得了显著进展。第二,按照一件事由一个部门负责管理的原则合并或重组了一些相应机构,国务院组织机构的设置及其职能配置更趋于合

---

① 邹东涛主编:《中国经济发展和体制改革报告 No. 1》,社会科学文献出版社 2008 年版,第 159 页。

理。第三,下放了一批审批权和具体事务性工作,进一步理顺了中央政府与地方政府的关系。

2.地方政府机构改革。1999 年、2000 年,中共中央、国务院先后颁发《关于地方政府机构改革的意见》和《关于市县乡人员编制精简的意见》,先后两次召开全国性的机构改革大会。主要改革要点有:精简行政编制;清理现有行政审批事项,简化和规范行政审批程序;清理整顿行政执法队伍,实行集中综合执法;坚决清退超编人员和各类临时聘用人员;切实做好人员分流工作,鼓励和支持分流人员自谋职业、自主创业。①

3.事业单位改革。1998 年《事业单位登记管理暂行条件》《民办非企业单位登记管理暂行条例》颁行,从立法高度初步明确事业组织的分类及各类事业组织(事业单位、民办非企业单位)的性质、法人地位、管理体制等。教育、科研、卫生、新闻出版以及勘察设计等事业单位的改革分类推进,取得了重要进展。2000 年后,教育、科技、卫生等事业单位人事制度改革的意见和加快推进事业单位人事制度改革的意见等陆续出台,标志事业单位人事制度改革全面展开。②

4.行政法制建设。1999 年 4 月,《中华人民共和国行政复议法》通过,自 1999 年 10 月起施行。它对于健全我国的行政法制体系、强化层级监督和行政复议的权威性、优化权利救济制度,促进依法行政、依法治国,均具有重大的意义。

(五)第五次行政体制改革(2003 年)

2001 年中国加入世界贸易组织,2002 年中共十六大召开。2003 年,为了适应加入世贸组织的需要和经济社会发展的趋势,开始新一轮行政管理体制改革。这次改革,是在我国加入世界贸易组织以后开展的又一次改革,既考虑了当时面临的新的国际形势和国际环境,也着力于解决政府面临的

---

① 邹东涛主编:《中国经济发展和体制改革报告 No.1》,社会科学文献出版社 2008 年版,第 161 页。

② 邹东涛主编:《中国经济发展和体制改革报告 No.1》,社会科学文献出版社 2008 年版,第 161 页。

一些深层次问题。

1. 国务院机构改革。总体来看,2003 年开始的机构改革强调了政府宏观调控的有效性,初步体现出了"大部制"的管理思路。按照政企分开的原则和深化国有资产管理体制改革的要求,设立国务院国有资产监督管理委员会;为提高宏观调控的有效性,将国家发展计划委员会改为国家发展和改革委员会;为健全金融监管体制,成立中国银行业监督管理委员会;为适应内外贸业务相互融合的发展趋势和加入世贸组织的新形势,促进现代市场体系的形成,组建商务部;为加强对食品的监管,在国家药品监督管理局基础上组建国家食品药品监督管理局;为强化对安全生产的监督管理和监察,将国家经贸委下属的国家安全生产监督管理局改为国务院直属机构。①

2. 服务型政府建设。随着我国政府管理模式开始由管制型向服务型转变,政府管理尤其地方政府大力推进管理创新,在服务型政府建设、责任政府建设、政府信用体系建设、政府绩效评估体系建立等方面取得明显成效;以服务型政府构建为目标,行政审批程序和方式进一步规范,电子政务、政府问责制、重大决策事项社会公示和听证制度、政务公开等方面的举措不断实施。

3. 行政法制建设。《中华人民共和国行政许可法》于 2003 年 8 月通过,2004 年 7 月正式实行;2004 年 3 月,国务院颁布了《全面推进依法行政实施纲要》;2005 年 4 月,《中华人民共和国公务员法》通过,2006 年 1 月实行。这三个法律的颁布,在我国行政制度建设中具有重要的里程碑意义,《中华人民共和国行政许可法》以推进行政审批制度改革为重点,落实依法行政;《全面推进依法行政实施纲要》,第一次明确提出建设法治政府的目标;《中华人民共和国公务员法》对于建设具有中国特色的公务员制度具有重要的意义。

(六)第六次行政体制改革(2008 年)

2008 年 2 月,中国共产党第十七届中央委员会第二次全体会议研究了

---

① 邹东涛主编:《中国经济发展和体制改革报告 No.1》,社会科学文献出版社 2008 年版,第 162 页。

深化行政管理体制改革问题。我国正处于全面建设小康社会新的历史起点,改革开放进入关键时期。面对新形势新任务,现行行政管理体制仍然存在一些不相适应的方面。政府职能转变还不到位,对微观经济运行干预过多,社会管理和公共服务仍比较薄弱;部门职责交叉、权责脱节和效率不高的问题仍比较突出;政府机构设置不尽合理,行政运行和管理制度不够健全;对行政权力的监督制约机制还不完善,滥用职权、以权谋私、贪污腐败等现象仍然存在。这些问题直接影响政府全面正确履行职能,在一定程度上制约经济社会发展。深化行政管理体制改革势在必行。①

　　这次改革的目标是:按照建设服务政府、责任政府、法治政府和廉洁政府的要求,着力转变职能、理顺关系、优化结构、提高效能,做到权责一致、分工合理、决策科学、执行顺畅、监督有力,为全面建设小康社会提供体制保障。

　　1.加快政府职能转变。加快推进政企分开、政资分开、政事分开、政府与市场中介组织分开,把不该由政府管理的事项转移出去,把该由政府管理的事项切实管好,从制度上更好地发挥市场在资源配置中的基础性作用,更好地发挥公民和社会组织在社会公共事务管理中的作用,更加有效地提供公共产品。

　　2.推进政府机构改革。按照精简统一效能的原则和决策权、执行权、监督权既相互制约又相互协调的要求,紧紧围绕职能转变和理顺职责关系,进一步优化政府组织结构,规范机构设置,探索实行职能有机统一的大部门体制,完善行政运行机制。

　　深化国务院机构改革。这次改革着力推动政府职能转变。按照政企分开、政资分开、政事分开、政府与市场中介组织分开的要求,已取消、下放、转移了国务院部门的60多项职能。

　　推进地方政府机构改革。调整和完善垂直管理体制,进一步理顺和明

_____

① 《关于深化行政管理体制改革的意见》2008 年 2 月 27 日,中国共产党第十七届中央委员会第二次全体会议通过。

确权责关系。深化乡镇机构改革,加强基层政权建设。根据各层级政府的职责重点,合理调整地方政府机构设置。

推进事业单位分类改革。按照政事分开、事企分开和管办分离的原则,对现有事业单位分三类进行改革。主要承担行政职能的,逐步转为行政机构或将行政职能划归行政机构;主要从事生产经营活动的,逐步转为企业;主要从事公益服务的,强化公益属性,整合资源,完善法人治理结构,加强政府监管。推进事业单位养老保险制度和人事制度改革,完善相关财政政策。

3.加强依法行政和制度建设

加快建设法治政府。完善行政复议、行政赔偿和行政补偿制度。推行政府绩效管理和行政问责制度,建立科学合理的政府绩效评估指标体系和评估机制,健全以行政首长为重点的行政问责制度,明确问责范围,规范问责程序,加大责任追究力度,提高政府执行力和公信力。

健全对行政权力的监督制度。完善政务公开制度,及时发布信息,提高政府工作透明度,切实保障人民群众的知情权、参与权、表达权、监督权。

加强公务员队伍建设。完善公务员管理配套制度和措施,建立能进能出、能上能下的用人机制。加强政风建设和廉政建设,严格执行党风廉政建设责任制,扎实推进惩治和预防腐败体系建设。

(七)第七次行政体制改革(2013年)

2013年,党的十八届三中全会召开,会议审议并通过了《中共中央关于全面深化改革若干重大问题的决定》(以下称称《决定》),首次在中央文件中提出,推进国家治理体系和治理能力现代化,明确提出在未来经济发展中要发挥市场在资源配置中的决定性作用,并围绕坚持党的领导、人民当家作主、依法治国有机统一深化政治体制改革。《决定》是新时期指导中国改革的纲领性文件。

行政管理体制改革成为了这次会议的主要内容之一。这次改革突出了政府职能转变这一核心,在简政放权、减少微观事务管理、更好发挥市场和社会作用方面,提出了一系列重要举措。

1.深化政府机构改革。完成新组建部门"三定"规定制定和相关部门

"三定"规定修订工作。组织推进地方行政体制改革,研究制定关于地方政府机构改革和职能转变的意见。

2. 简政放权,下决心减少审批事项。抓紧清理、分批取消和下放投资项目审批、生产经营活动和资质资格许可等事项,对确需审批、核准、备案的项目,要简化程序、限时办结相关手续。严格控制新增审批项目。

3. 创新政府公共服务提供方式。加快出台政府向社会组织购买服务的指导意见,推动公共服务提供主体和提供方式多元化。出台行业协会商会与行政机关脱钩方案。改革工商登记和社会组织登记制度。深化公务用车制度改革。

二、行政体制改革的内在逻辑

总体来讲,我国近 30 年来的行政管理体制改革是一个不断加深加速的螺旋式上升改革进程。在政治体制、经济体制和行政体制三者之间的关系上,是以行政体制改革作为结合部和突破口进行的;在改革的路径选择上,遵循的是后发国家现代化历程和追赶型体制改革;在行政管理体制改革的目标上,是以建设服务型、责任型政府为目标。综观 7 次行政管理体制改革,有以下三个方面的逻辑关系贯穿改革始终。

(一)行政体制改革在中国改革中的地位逐步明确

对这一点,改革最初的时候在学界具有极大争论。由于 1978 年以前我国是完全的计划经济体制,与之相适应的一整套政治、经济、行政和文化制度均是以此为基础并与之相适应的。最初的改革开放,首先破冰的是经济体制改革,也就是说是以经济体制改革为主导驱动政治体制改革的模式,因此,与经济发展相比,当时的政治体制严重滞后。对此,邓小平指出,"现在经济体制改革每前进一步,都深深感到政治体制改革的必要性"。[①] 但是,由于政治体制改革涉及国家的基本政治结构和权力关系,一开始就着手政治体制改革难以取得实质性突破,而新的经济基础和经济关系正在形成,体

---

① 《邓小平文选》(第三卷),人民出版社 1993 年版,第 176 页。

制改革成为了必须,在这种条件下,行政管理体制改革被提上日程。行政体制改革提出的目的就在于及时适应经济体制改革的需求并进而带动政治体制改革。1992年党的十四大提出了行政体制改革的历史任务,明确了经济体制、政治体制和行政体制三大体制改革的思路。其中行政体制改革既是经济体制改革的必然结果,又是政治体制改革的必要先导,既是经济体制改革深入进行的客观要求,又是政治体制改革逐步推进的直接动力。[①] 随着改革的不断深入,关于行政体制改革在中国改革中的地位,基本上形成了一个相对主流的观点,即行政体制改革介于经济体制改革和政治体制改革之间,行政体制改革是经济体制和政治体制改革的"结合部"。[②]

(二)后发国家现代化的特殊改革路径

后发国家的改革路径与后发国家现代化历程和后发国家的经济社会阶段性特点是具有一致性的。后发国家在现代化过程中体现为如下几个特点:一是经济基础发生根本性的变化,由计划经济向市场经济转变;二是传统文明与现代文明叠加,内生性文化与外来文化撞击,其现代化历程必然伴随着文化转型;三是在由计划经济向市场经济转型的过程中,政府对经济的主导地位必然向微观脱离、宏观调控的方向变化;四是社会转型成为必然趋势。参照中国30多年来的改革来看,在经济上由计划经济向市场经济转型;在社会发展道路上,由传统的农业社会向工业社会、信息社会转型;在政府管理上,由管制型向服务转型转变。而促成这一系列变化的根本原因就在于最活跃的生产力因素,经济的发展是一切发展的基础,经济的增长导致经济领域日趋复杂化,使集中制订生产计划成为不可能,势必要建立一种新的资源配置方式来调节生产;与此同时,经济基础变化带来的一系列社会关系的变化,必然要求建立一种与之相适应的政府、国家—社会之间的新型关系,单一的政府主导经济、管控社会肯定不能成为理想的治理模式。综上,

---

① 胡伟、王世雄:《构建面向现代化的政府权力——中国行政体制改革理论研究》,《政治学研究》1999年9月,第2页。
② 胡伟、王世雄:《构建面向现代化的政府权力——中国行政体制改革理论研究》,《政治学研究》1999年9月,第3页。

可以对我国近年来的行政体制改革做出一个基本的判断:后发型现代化路程决定了经济改革的先导地位,新的经济基础必然促动社会转型,由此而成为政治体制和行政体制改革内动力。

(三)中国行政体制改革目标的分类指向性

在中国的改革过程中,由于后发国家具体的社会历史条件,行政体制改革是从政治体制改革中剥离出来、作为重要改革突破口推进的。其目标可以分为三个层次:

1.推动政治民主、社会公平。按照政治—行政两分法的假设来看,政治体制改革导向权力利益再分配和公平与民主诉求,行政体制改革导向责任和效率,行政体制改革以改善政府成本—效益关系,推动社会经济发展,同时避免积极政治体制改革所可能造成的超前政治参与等"转型问题",在理论目标上,中国行政体制改革基本遵循这一路径。经济社会发展是行政体制改革的内在驱力,行政体制改革作为改革结合部,与经济、政治、社会之间有着紧密关系。但是,从行政体制对经济、社会发展的引导和管理功能来看,行政体制又必须超前改革发展,所以在理论上,行政体制改革又是以推动政治民主、促进社会公平为己任的。

2.促进经济体制改革。严格来讲,行政体制属于政治体制中的一个组成部分。政治体制包括三个层面:一是各种政治组织(政党、政治团体)与政权组织之间的关系及其运行制度;二是政权的组织形式或政体;三是政府(行政机关)的机构设置和运行机制,即行政体制。① 行政体制改革承担起变革生产关系和上层建筑的双重任务:一方面通过调整生产关系,克服旧体制下形成的某些束缚生产力发展的障碍,促进新的生产关系的建立;另一方面通过改革上层建筑领域中的某些弊端,巩固新的经济基础。② 现代化理论的研究表明,后发国家的现代化有两个普遍特点:一是政治行政变革往往成为经济社会变革的先导,政治行政上的显著变化带来经济和社会方面的

---

① 参见王惠岩:《当代政治学基本理论》,天津人民出版社 1998 年版,第 194—201 页。
② 汪玉凯:《中国行政体制改革 20 年》,中州古籍出版社 1998 年版,第 17 页。

显著变化;二是由于现代化起步落后于外部的发达国家,因此遵循一种"追赶型"的现代化模式,政府主导特点非常鲜明。① 作为中国"追赶型"现代化任务一部分的行政体制改革,它本质上要求成为经济社会变革的先导。随着现代社会调控规模日益扩大,内容日趋复杂,在后发现代化国家转型阶段,行政系统作为社会调控体系的主导力量,对于驱动社会经济的发展具有决定性的作用。② 因此,应该通过积极的行政体制改革建构能够驱动经济体制改革的行政体系,再构和优化社会调控系统。

3. 推动行政管理体制本身的改革。从行政管理体制改革本身而言,其目标是到 2020 年,形成适应我国科学发展要求的权责一致、分工合理、决策科学、监督有力、执行顺畅、比较完善的行政管理体制。因此,行政管理体制改革的实质是建设人民满意的服务型政府,为全面建设小康社会提供体制保障;途径是转变职能、理顺关系、优化结构、提高效能。

三、行政管理体制改革蕴含的理念

30 多年的改革开放极大推进了中国社会主义各项事业的发展,30 多年的改革开放历程是一部行政管理体制改革的历史,也是一部社会主义制度的建设史。回顾和总结这一段历程,中国行政管理体制改革体现着浓厚的中国特色、蕴含着深厚的政治底蕴和现代国家治理理念。

(一)行政体制改革是党的执政资源的合理配置

所谓的执政资源是指执政者得以宣传自己的主张、执行自己的政策、维持自己的政治系统与社会系统有序运行,进而巩固自己的执政地位所依赖的各种资源的总称。③ 于其中又可以分为执政的合法性资源(主要包括执政党的意识形态、执政纲领、历史功绩、执政能力和政绩、民主与法治以及领导的个人魅力等等)和执政的运行性资源(最为关键的有政治权力资源、经

---

① 参见任晓:《中国行政改革:目标与趋势》,《社会科学》1994 年第 4 期。

② 王沪宁:《论九十年代中国行政改革的战略方向》,《文汇报》1992 年 6 月 26 日。

③ 参见中共无锡市委党校课题组:《论中国共产党执政资源的整合能力》,《中共南京市委党校南京市行政学院学报》2005 年第 5 期,第 41 页。

济资源、文化资源、组织资源、制度资源和人力资源等），前者主要是指维护政党地位和合法性的基础性资源，后者主要是指实现政党统治，确保建立或控制的政治运行机制得以有效运行的基础。① 换句话说，对政党拥有的执政资源的运用和整合执行能力是政党安全和执政能力的重要考量因素。

改革开放以来的30多年里，我国处于激烈的社会转型时期：社会正在由同质性社会向异质性社会转变，利益需求多元化日益加剧、社会阶层多样化重组和复杂化、不同利益群体之间的矛盾日趋加剧，社会冲突增多，在这样的社会背景下，中国共产党拥有的执政资源正在发生变迁，同时也是对党的执政能力的新考验。究其实质，就是如何根据现实社会发展阶段对执政资源进行科学合理的再整合和再分配，主要体现在：第一，解放生产力，发展生产力，建立更加具有活力的生产关系和经济制度，为和谐社会建设奠定了坚实的经济基础，赢得了民众的广泛支持和认同，获得了与新的社会发展阶段相适应的新的合法性执政资源；第二，在由计划经济体制向市场经济体制转变，经济基础和社会基础发生巨大的异质性转变条件下，政党和政府从直接的经济管理和经济活动中解脱出来，把经济和社会治理的部分资源回归社会主体。由强调社会资源控制型的管制型政党向引导型政党转变，执政资源由垄断型向社会分散型转变，培育更加具有活力的多元社会主体，实现了执政资源的再分配，调动了社会主体的积极性；第三，在行政管理体制改革的具体方式上，我国行政管理体制改革既与经济体制改革相互联系、相互促进，又是政治体制改革的重要内容，是经济体制改革和政治体制改革的结合部，是合理配置党的执政资源的基础性工作，是上层建筑适应经济基础的必然要求。

（二）推动政府管理理念的深刻变化

虽然经过30多年的改革开放，我国的经济制度发生了根本变化，生产力获得进一步释放，经济总量迅速增加，但是与此同时，城乡矛盾、阶层矛

---

① 参见中共无锡市委党校课题组：《论中国共产党执政资源的整合能力》，《中共南京市委党校南京市行政学院学报》2005年第5期，第41页。

盾、社会矛盾也日益发展和显化,从而说明一个现代化的国家,不仅仅是经济、市场和城市的现代化,而且是一个综合平衡发展的社会现代化过程。与改革开放以前相比,政府角色定位和基本理念以及价值追求发生巨大变化的一个重要原因,在于政府对我国社会发展各个阶段存在的问题和矛盾有深刻认识和准确把握。以中共十六大和 2003 年的行政管理体制改革为界限,从改革重心来看,30 多年的改革开放大致可以分为两个阶段:一是 2003 年以前的以经济发展为中心阶段,这一阶段以发展生产力、解放生产力,提高人民物质生活水平为重心,行政体制改革作为制度改革的先导,基本上是以服务经济建设、适应经济建设需要为改革重心的;二是 20 世纪末,21 世纪初,随着经济快速发展,利益多元和社会矛盾的出现,2003 年实行的行政管理体制改革由对发展经济的适应性改革逐步走向经济增长与社会发展并重的社会现代化综合平衡改革,形成了以科学发展观为基础,和谐社会、全面小康社会和新农村建设为核心内容的新的公共管理理念。

从政府管理理念变化和确立来看,大致可以归纳为三大理念:一是确立了责任政府的理念。各级政府及部门的责任逐步得到明确和强化,一切权力来自人民、必须对人民负责的意识逐步深入人心。二是确立了服务政府的理念。各级政府及部门逐步实现了从"管字当头"到"服务至上"的转变,能否为人民群众提供更多更好的公共服务,成为衡量政府工作成效的重要标准。三是确立了法治政府的理念。市场经济就是法治经济、政府及其工作人员必须尊重与维护法律权威,在宪法和法律范围内活动的意识逐步形成。①

(三)使政府职能转变取得实质性进展

政府职能是指国家行政机关在国家公共事务管理中依法承担的任务和所起的作用。人们一般把政府职能界定在政治、经济、文化、社会四大范畴,与之相关的现代化社会职能也就一般包括经济调节、市场监管、社会管理、

---

① 中央机构编制委员会办公室理论学习中心组:《改革开放以来我国行政管理体制改革的光辉历程》2011 年 7 月 25 日。来源:人民网。

公共服务等。

我国政府自 1988 年首次提出转变政府职能后,政府职能转变大致可以分为两个大的认识层次:一是适应经济发展的需要,实现的第一个关键性职能转变就是脱离计划经济,适应社会主义市场经济。二是根据经济社会发展需要,政府职能逐步与人民群众不断增长的公共服务需求相适应。这两大认识虽然有可能是同时产生或交叉付诸实践的,但是其中包含着中国政府对自身由经济中心来定位职能向强调政府公共服务职能的现代政府转变的深刻认识。在政府职能转变上主要体现在四个方面:一是政府、市场、企业三者的关系逐渐理顺。政企分开基本实现,企业成为自负盈亏、自主发展的独立市场主体。政府调控市场、市场引导企业的模式逐步形成,市场在资源配置中的基础性作用得到发挥,以间接手段为主的政府宏观调控体系逐步完善。二是社会管理和公共服务职能不断加强。着力维护社会稳定和促进社会和谐,社会利益协调机制、矛盾疏导机制和突发事件应急机制等逐步建立;着力发展社会事业和解决民生问题,义务教育、公共卫生和社会保障体系建设等迈出重要步伐。三是社会组织在经济社会事务中的作用逐步增强。在推动政府职能转变的同时,积极培育社会力量,各类社会组织蓬勃发展,初步实现了由单纯依靠政府管理向政府与社会协同治理的转型。① 四是把"国家治理体系和治理能力现代化"提高到了全面深化改革的总目标的高度,治理成为了一个全新的政治理念。

由上,30 多年的行政管理体制改革,是在对计划经济和以经济建设为中心进行反思的基础上,确立起来的服务型政府职能建设目标。这种反思可以概括为:由以经济增长为中心的战略,向经济社会并重的战略转变;由以经济建设为主向以经济建设、社会经济增长和社会发展并重转变;由以提供经济性公共产品为主,向以提供社会性公共产品为主转变;由以追求城市化为主,向追求城市与农村平衡发展转变;由不恰当地依赖和追求市场功

① 中央机构编制委员会办公室:《我国行政管理体制改革进程的回顾》,《新华月报》2009 年第 2 期,第 21 页。

能,向形成政府职能与市场作用协调互补的机制转变。①

(四)制度建设进一步加强

制度是政府治理社会、维护社会秩序的重要方式之一。一个现代化的政府首先应该是一个制度创新的政府。30多年的行政管理体制改革,从某种程度上说也是一部政府制度建设的历史。随着政府运行机制和管理方式不断创新,制度建设明显提高了政府的行政效能和社会效益。一是公务员制度不断完善,使公务员管理逐步走向法制化的道路;二是行政问责制度建设不断加强,形成以监察、审计等为重点的专门行政监督制度,形成了外部监督、层级监督等多形式构成的监督体系,对重大事故、重点部门和重点岗位的监督起到了明显的成效;三是政务公开力度不断加大,公民对政府行政的知情权、监督权和参与权得到了进一步的保障;四是以公众参与听证、专家民众咨询问政为代表的公民行政力度不断加大,使政府决策与民意民情要求不断结合,政府决策日趋透明化和科学化。五是随着《中华人民共和国行政诉讼法》《中华人民共和国国家赔偿法》《中华人民共和国行政处罚法》等系列法律的颁布施行,政府依法行政进一步获得了法律保障。

四、行政管理体制改革对当代中国行政伦理制度化的影响

每一次行政管理体制改革都与中国特定的社会历史背景有着紧密的关系。综观改革开放以来我国的七次行政管理体制改革,其主体脉络主要在于探索建立一个与中国发展国情相适应的有中国特色的行政管理体制,不断提高中国政府的行政管理能力,实现治理能力和治理体系的现代化。行政伦理制度化最大的功用在于明晰当代中国政府的行政伦理责任,探索建立一个适应中国国情和社会治理需要的行政伦理责任实现机制,其重心在于研究如何通过制度创新提高当代中国政府的伦理管理能力。在两者的关系上,行政管理体制改革是行政伦理制度化的直接动力,行政管理体制改革为行政伦理制度化提供了理念、体制和机制保障,行政伦理制度化是行政管

---

① 参见马庆钰:《中国行政改革前沿视点》,中国人民出版社2008年版,第3页。

理体制改革的一部分。

(一)三大政府建设深刻影响当代中国行政伦理制度化的基本理念

改革开放以来,我国历经七次大的行政管理体制改革,在现代政府与社会关系的探索中,逐步形成了服务型政府、责任政府和法治政府的理念,成为行政伦理制度化的直接动力和追求目标。如前所述,行政伦理制度化是行政管理体制改革中的一个部分,三大政府建设理念直接成为行政伦理制度化所服务和追求的目标,服务型政府为行政伦理制度化确立了服务伦理理念、服务行政理念和公民与政府共治理念;责任政府为行政伦理制度化确立了政府责任主体理念和如何实现政府责任的路径探索拷问;法治政府为行政伦理制度化提供了伦理与制度最基本的法律分野依据、权力边界和依法行政理念。总之,三大政府建设为行政伦理制度化建立了以服务共治、政府责任和依法行政为核心的基本理念。

(二)行政法制建设导引当代中国行政伦理制度化走向法制化轨道

行政法制建设为行政伦理走向法制化建设的轨道提供了依据、路径导引。综观改革开放以来的 7 次行政管理体制改革,行政法制建设始终是历次改革的重心之一。不断加强的行政法制建设为行政伦理制度化提出了两大需求:一是制度需求。为了适应新的社会与政府的关系,适应政府职能、管理模式的转变和法治政府建设的需要,行政法制建设成为必然选择,从而产生制度需求,使制度创新和制度构建成为现实需求;二是法治成为政府社会治理的首选手段,构建一个完善法律制度体系和行之有效的法制治理模式成为了当代中国政府的首要任务,从而使社会治理方法和手段的创新成为了行政管理体系改革的重要内容。基于此,行政法制建设为行政伦理制度化提供了三个方面的探索路径:一是行政法制建设为行政伦理制度化提供了制度创新驱动力;二是为当代中国的行政伦理制度化确立了法制化的目标;三是为当代中国的行政伦理制度化提供了法制化的路径启示。

(三)治理体系和治理能力现代化引导当代中国行政伦理责任体系化

国家治理体系和治理能力现代化一提出,随即在学界掀起了研究浪潮。王征国认为:所谓"治理体系现代化",是指一个国家从传统社会向现代社会转型过程中,其现代制度文明的萌生、成长和成熟的过程,它体现并制约着该国在物质文明、政治文明、精神文明、社会文明、制度文明等方面所能达到的现代化程度。所谓"治理体系现代化要素",是指中国共产党在吸收人类制度文明的基础上,所创造的具有当代中国独特风格的现代治理体系,它包括公民权利保障、政府公共行为、党的执政能力这三个最重要的基本要素。① 丁志刚认为:国家治理体系是由国家治理要素构成的国家治理系统,而国家治理体系现代化主要指国家治理主体的现代化和国家治理方式的现代化。国家治理主体现代化包括政府治理中的执政党与政府现代化、市场治理中的企业现代化、社会治理中的社会组织现代化和个人治理领域的人的现代化。② 尽管学者们对国家治理体系的内涵有着不同的诠释,但是有中国特色的国家治理体系主体应该包括政党、政府、社会组织和个人等几个方面基本上具有一致性。从行政伦理制度化的视野来看,政党、政府是其关注的重点;从责任主体来看,政府是行政伦理制度化中政府责任实现的主体。治理能力现代化对行政伦理制度化而言,在治理主体上就是要实现政府及其公务员伦理责任的法律化、明晰化、系统化;在治理体系构成要素上,行政伦理制度化能够进一步实现政府政党执政能力的提高、规范政府公共行为、保障公民基本权利。

国家治理体系和治理能力现代化是继党的十七大提出的"政治、经济、文化和社会建设"四个现代化的基础上提出的"第五个现代化",如果说前四个是发展目标的现代化的话,"第五个现代化"则是制度目标的现代化,这一制度现代化目标导引行政伦理制度化在吸纳国内外经验的基础上,以政府责任实现为基点,着力于制度创建和治理体系要素的现代化。

---

① 王征国:《国家治理体系现代化研究》,《贵州师范大学学报(社会科学版)》2014 年第 3 期,第 1 页。

② 丁志刚:《论国家治理体系及其现代化》,《学习与探索》2014 年第 11 期,第 52 页。

第二节 信息社会背景下的行政伦理转型

当代中国社会由传统农业社会向工业社会转型的同时,也在同步向信息社会转型。知识型经济、网络化社会、数字化生活和服务型政府等信息社会指数的发展水平不断提高,现代信息技术对经济社会发展的影响已开始从量变走向质变。① 可以说,信息社会是当代世界共同面临的最有代表性和共性的社会转型,它深刻影响着各个国家的经济、社会、文化和政府管理等各个方面。对于当代中国的公共行政来说,信息社会一方面使政府治理面临的社会转型更为复杂,同时也深刻影响着当代中国公共行政的理念和方式,加速了当代中国公共行政伦理范式的转型。万俊人和张泰来认为,在现代文明进程中,从美德伦理学向社会规范伦理学的转型,使行政伦理学不再局限于传统的狭义的伦理学和行政伦理学范围去思考公共行政领域的问题,把对公共行政的反思扩展到了社会学领域,促进了社会规范伦理或政治伦理的兴起。② 信息社会进一步加速了现代政府的现代化和社会化进程,把公共行政置于"国家、政府和社会"日益变化的关系中去考察其管理活动中的多元主体共治基础上的共识价值,公共服务伦理、共治伦理成为现代公共行政伦理的价值中心,大众传媒成为公共行政伦理的外生性监督主体,传统职业精英和政府权力行政逐步走向以共治为基础的公民行政,传统以职业为基本特点的行政伦理逐步拓展到社会学、政治学等多学科领域相结合

---

① 《走近信息社会:中国信息社会发展报告 2010》,国家信息中心。

② 万俊人认为:当欧洲自十七八世纪开始进入现代社会的文明进程中时,道德伦理便开始从传统的美德伦理类型向社会规范伦理甚或政治伦理的类型偏移,古典自由主义伦理学,特别是作为其成熟典范的功利主义伦理学(从洛克到密尔)的生存与突显,即是这一现象的典型反映。参见万俊人:《制度伦理与当代伦理学范式转移——从知识社会学的视角看》,《浙江学刊》2002 年第 4 期,第 16 页。张泰来认为:当代瑞士神学—伦理学家孔汉思提出"世界伦理"构想,以及当代德国伦理学家博恩哈思·祖托尔的政治伦理学体系中所蕴含的方法论,为当代西方伦理学提供了一条富于启发性的思路:伦理学不再仅仅局限于在狭义伦理学的范围内思考问题,而是把对道德生活的反思扩展到社会学领域——从伦理学的道德程序论证转向社会学的道德结构论证。参见张泰来:《伦理范式与现代公民道德建设》,《求索》2009 年第 6 期,第 105 页。

去思考和解决公共行政问题。

一、行政理念：由管理伦理向公共服务伦理转型

据国家信息中心发布的《冲出迷雾：中国信息社会测评报告 2013》显示，我国信息社会发展水平显著提高，2012 年信息社会指数达到 0.4391，比 2010 年提高了 17%，仍处于从工业社会向信息社会过渡的加速转型期。信息社会成为当前各种转型中最有活力和代表性的社会转型方向，对政府与社会的关系和政府社会治理模式产生了深刻的影响。由于信息获取的"柠檬效应"逐步缩小，公民与政府二者之间的信息拥有比以前有显著的对称性发展趋势，双向透明化程度越来越高，更加开放的社会与政府关系正在形成；更加开放的"社—政"关系，促进了合作博弈并存的"社—政"制衡机制不断成形；政府职能和管理方式不断转变，不仅促使政府逐步由管理走向了引导和服务，而且进一步推进和强化了其公共性特点和服务性职能，加速了传统以权力为主要手段的管理伦理向公共服务伦理的转型，并成为了现代公共行政的新型伦理。

公共服务伦理指政府在为全体社会成员提供公共产品和服务的过程中，所形成和表现出来的系列以服务为核心价值和核心理念的伦理准则的总和，是公民作为需求主体、平等合作的新型伦理，服务公民和服务社会是其核心内涵。历经 30 多年的发展，当代中国政府已经完成了由管制到管理的功能转型，并正由管理型政府向服务型政府的转型。社会转型和政府治理模式转型，为当代中国公共行政伦理范式由管理伦理向服务伦理转型提供了社会外驱力和政府管理内动力。于其中，信息社会起到了独特的作用，主要体现在三个方面：

（一）信息社会使公共服务理念进一步大众化和深入化

公共服务理念是随着服务型政府的提出而逐步被普通民众所认知和熟悉的。在我国，1998 年的政府改革中首次明确提出要把公共服务纳入政府服务职能。2005 年的政府工作报告中明确提出："努力建设服务型政府"，服务型政府成为国家意志。2013 年，党的十八大报告明确提出："要按照建

立中国特色社会主义行政体制目标,深入推进政企分开、政资分开、政事分开、政社分开,建设职能科学、结构优化、廉洁高效、人民满意的服务型政府"。服务型政府建设目标的确立,标志着我国政府管理现代化建设的开始,是政府职能、管理模式和管理理念的全面转变,也是构建适应社会主义新发展阶段的公共价值体系的新阶段。在这一过程中,信息社会所拥有的强大的信息技术手段,使公众通过各种网络技术平台迅速了解公共服务的内涵和政府模式的转变,公共服务理念逐步大众化;而且随着电子政务的出现和现代信息技术在经济、政治、文化等各领域的普及,信息消费日益成为普通民众主要消费方式,公众对信息技术的依赖日趋紧密,对政府公共服务模式、社会治理方式、职能转变以及现代化水平需求的认识日益深刻,推动政府不断由管理型向服务型转变,一个负责任、具有强大公共服务能力和现代化的政府成为了社会普遍需求。

(二)信息社会加速了当代中国政府的现代化进程,为公共服务伦理转型提供了内外行政环境

政府现代化这一概念源始于 20 世纪 80 年代西方国家的行政管理改革,被称为"行政现代化"或"政府现代化"。其目的是要走出与工业社会相匹配的韦伯式的政府组织模式,建立一种与信息革命相呼应的政府现代化,称为"后现代化"。[①] 信息社会改变了当代中国政府的行政环境,网络化社会和数字化生活日益成为普通民众的生活环境,促进了公民需求多样化;信息技术打破了传统农业社会和工业社会中特定社会管理阶层垄断信息的局面,社会成员之间的信息共享程度实现了颠覆性的普及化发展,为公民自由表达政治诉求,发表政见提供了技术条件,极大地催生了公民的民主意识、民主热情和民主要求;基于现代信息技术形成的民意表达平台的出现和信息共享局面,使原有基于信息垄断背景下的决策管理优势和阶层管理、科层组织管理机制受到前所未有的冲击,行政决策日益走向透明化和社会化。

---

① 陈振华:《试论我国政府现代化的构建》,《福建行政学院福建经济管理干部学院学报》2003年第 2 期,第 29 页。

因此,当代中国政府行政面临着信息化和信息消费社会的外部大环境,促进了由传统政府对社会的管制型和管理型行政方式向以公共服务为核心价值的服务行政和公共服务伦理转型;同时,现代信息技术催生了电子政务、政府信息网站等现代管理手段,加速了现代政府体制的现代化、管理手段信息化、政府运作高效化、政务活动公开化和政府决策透明化,为公共服务伦理成为政府构建和政府治理的核心价值提供了技术手段和内在可能。

(三)信息社会使服务公民、服务社会成为政府的首要职能,公共需求满足能力成为当代中国政府重要的伦理评价指标之一

信息社会所形成的更加开放的"社—政"关系的实质就是政府逐步放弃在传统社会权力结构中的塔尖地位,社会和政府之间逐步形成协商和对等合作的关系,通过行政授权和分权,政府管理重心下移,使服务社会的公共服务职能成为其首要的基本职能,公民成为需求的主体和政府服务的客体。服务型政府提倡公民参与,并健全公民参与机制。提供社会服务虽然是政府的主要职能,但提供什么样的服务,怎样提供服务,却不取决于政府意志,而是取决于公民的意愿和要求,政府必须对公民的服务要求做出前瞻性的回应。① 在信息社会背景下,在信息消费的浪潮中,一方面缩短了消费周期,便捷了消费方式,使信息消费逐渐成为公众消费的主要方式,同时随着信息技术向各个领域的不断延伸,不断产生新的消费领域和消费需求,使公众对政府公共服务的需求向日益多样性发展,对政府公共服务水平提出了更高的要求。政府对公民公共服务需求回应的及时性、满足程度,在信息社会背景下日益成为政府管理水平和治理能力的重要评价标准。

二、治理模式:由管理伦理和人情伦理向契约型共治伦理转型

在信息社会背景下,传统政府不再在社会治理中具有随意支配和万能的地位,传统政府管理者所具有的基于行政不透明背景下的人情权力风光

---

① 参见施雪华:《"服务型政府"的基本涵义、理论基础和建构条件》,《社会科学》2010 年第 2 期,第 4—5 页。

不再,政府与社会多元主体成为政治、经济、文化等各方面互为契约主体、监督主体和制约主体,政府契约履行度成为政府诚信和管理能力的重要表现。从本质上说,契约型共治伦理的核心是现代政府与社会之间基于平等合作基础上的多主体合作管理,是现代政府基于社会发展需要,与社会主体之间形成的动态治理契约。从当代中国政府与社会关系变化的角度去观察,当代中国行政伦理体现出由管理向共治,由人情向契约的双向转型。

(一)信息社会对传统的管制型和管理型"社会与政府关系"产生了巨大的冲击,使以合作博弈并存为主线的"社—政"制衡体制日趋成形

合作与博弈的"社—政"关系形成的关键在于社会对政府的制衡能力的大小。现代信息技术正在深刻地影响着人类生活的方方面面,不仅加速了更加有素质的社会公民的成长速度,而且构建了以网络为代表的便捷、畅通表达平台,使社会公众的信息源日益多样化,增加了公众对政府行为的了解度,使以前单一个体表达意愿的方式便于形成群体意愿,产生合力和更大的力量,提高了社会对政府的制衡能力;另一方面,随着信息社会转型的不断加速和深入,使政府的决策和运作更加透明化面向社会,也使政府能更加便捷地了解和掌握民意,迅捷反应。

(二)信息社会颠覆了传统中国的人情伦理价值体系,促进了契约伦理兴起

信息社会的到来,对传统中国社会的人情伦理价值体系和社会组织观念产生了巨大的冲击。首先,彻底颠覆了基于传统乡土社会结构基础和人伦关系上的伦理价值根基。费孝通先生在其《乡土中国》一书中研究传统中国乡村结构和传统中国社会关系网时,提出了著名的"差序格局"理论。信息社会以前所未有的冲击力打破了这种人伦差序格局,改变了传统人际交往的方式,扩大了人际交往的范围,使一对一和面对面为主的社会关系拓展方式变为了一对多、多对多和跨地域、超时空的可重复虚拟交往,使传统以血缘和地域为基点的亲情伦理人际关系圈向范围更大、更具有发散性和随机性自组群体发展;其次信息社会使社会个体在市场经济和知识经济中具有更多的利益攸关体,使信息和知识成为财富获取的新载体,各自成为相

互的、基于市场契约的既联系又相对独立的主体,打破了传统的自我主义、公私群己的相对性和特殊主义伦理规范体系;第三,信息社会使知识传播速度更快,获取知识的渠道进一步便捷化和社会化,为每个人提高知识水平提供了更加平等的技术平台,使每个人获取信息的机会进一步均等化,使信息获取的柠檬效应显著减弱,极大地消除了由知识垄断带来的权威统治。

从实质上来说,服务伦理是政府和社会成为伙伴关系,基于契约基础上的博弈合作过程中所产生的相关行为准则和规范的总和。服务型政府把服务社会作为其首要的公共职能,就意味着政府与社区、公共组织和公民之间新型伙伴关系的出现。这是一种新型的"社政"关系,与传统意义上的人情血缘为纽带的人伦关系和社会组织架构关系具有本质的区别,信息社会在这一发展进程中一方面彻底摧毁了这种人伦价值体系和组织观念,同时加速了社会与政府之间基于契约基础上的共治伦理的兴起。

(三)信息社会促进了平等合作的新型社会治理主体成长,使当代中国行政伦理由以管理主导快速向契约型共治行政伦理转型

随着我国社会信息化程度的日益加深,知识、文化、信息的海量传递,使学习不仅可以突破校园围墙,而且打破了时空界限,扫除了阶层、地域和身份的束缚,迅速提高了公民素质,培养了高素质的新型社会治理主体。武汉大学徐亚文、刘洪彬教授认为:"……就目前而论,国家治理体系现代化理论中的'共治'(或者'社会共治')理念在实现动力上,共治培育'参与型公民',重视培育行业协会、企业工会和民间慈善组织,建立多元化的公众参与机制和渠道,将国家职能部分'对接'到社会自治组织,把社会能办好的事尽量交给社会承担,形成社会治理的合力。"[①]信息社会不仅培育了具有参政议政能力的公民,更加容易形成具有合意的公民组织,而且建立了多元化的公众参与机制和渠道,使公民及其社会组织既成为与政府组织平等的公共治理主体,也是公共治理的客体,使原有的单一政府向社会输出和供给的管理服务模式转变成为多向共同服务模式。由管理到治理,对于行政伦

---

① 徐亚文、刘洪彬:《共治理念与国家治理体系现代化》,《湖北日报》2014 年 3 月 1 日第 4 版。

理意味着公民及其社会组织在政府引导下,以平等合作的主体身份参与社会管理的共治伦理转型。

上述一系列的变化可以归结为:在社会与政府的关系上,信息化加速了乡土中国向法治中国和新型契约中国转型的进程;在行政伦理上,加速了由人情伦理向以契约为核心的共治伦理转型;在政府治理模式上,其实质是由人治到法治的巨大转变。在信息社会背景下,以契约为核心的共治伦理是政府存在和公共服务的基石,其基本要求就是要建立一个讲诚信、重契约、负责任、有公信力的共治型政府。

三、伦理监督:由权力监督向与社会监督并存转型

信息社会迅速便捷的信息传递方式,使政府以更加透明的形式存在,信息社会特有的信息平台,极大便利了社会对政府的监督,不仅增加了多主体监督的可能性,而且在监督的形式、深度、广度等方面都有了更加多样化的选择。因此,政府决策、执行过程、结果及公务员个人行为和道德素质成为了民众广泛关注的焦点。随着信息化社会的逐步来临,以网络为代表的大众传媒以其开放、自由、自组织、分享等特点,影响现实生活,使得我们的社会发生巨大变化的同时,也使公共行政的方式、内容和评价等诸多方面发生了显著的变化。其中最显著的变化就是使公众通过各种大众传媒成为了公共行政的新兴外生性监督主体,促进了行政伦理监督由传统的权力监督为主向权力监督与社会监督并存的局面转型。

(一)信息社会使行政伦理监督的大规模社会化参与成为可能

行政伦理监督的大规模社会化参与建构基于现代信息技术,于其中最有代表性的就是大众传媒。在信息社会背景下,大众传媒不仅成为了公共民意表达的载体,而且成为了大规模民意实现和外生性监督的信息化典型代表。之所以说大众传媒是公共行政伦理新兴的外生性监督主体,一是由于它是信息时代的产物,是现代技术高度发展,现代文明不断进步的最新成果;二是以网络为代表的大众传媒以其本身所具有的独立性、交互性和技术依赖性,介入社会评价体系,把包括政府在内的所有组织和个体都纳入其监

督评价范围,打破传统的伦理监督和评价方式,出现了以现代信息技术为平台,民众(网民)可以广泛参与的随机自组共识群体,①这些群体存在于网络社会中,以现实中的人、物或事件为关注点,以共同行动为基本特征,在其内部以达成共同认识为目标,通过不断地互动行动影响组织和社会。② 以网络为代表的大众传媒具有的这些特点,不仅为行政伦理监督现实更大范围的社会化参与提供了技术平台支持,降低了监督成本,而且由于其参与主体的相对隐匿性和普遍性,使之在伦理评价中,尤其面对行政主体和行政组织展开评价时,能够更自由地表达意见,扩大监督范围。当然,这种相对不受约束的力量也有其自身的弱点,需要引导和约束。

(二)以网络为代表的大众传媒改变了传统的行政伦理监督方式

以网络为代表的大众媒体被西方称为"第四种权力",并把它作为对政府监督的重要政治力量。以网络为代表的大众传媒成为了社会与政府互动的重要桥梁和纽带,为各级政府提供了了解社情民意、聚集民智的重要载体和平台;③网络民意越来越深刻地影响政府决策与社会制度的完善;④以网络为代表的大众传媒改变了传统政治,电子空间正使权力从代理和政治代表手中转到那些直接参与价值增值的普通劳动者和公民手中;⑤以网络为代表的大众传媒使虚拟的世界成为现实,并且使社会资源更容易集中,在行政伦理评价中淡化了社会阶层隔阂。上述一系列的变化,使信息社会背景下的行政伦理监督方式发生了重大变化:一是实现了监督主体的多样性和社会化;二是在传统部门监督、权力监督和部分民意监督的基础上,产生了外在于传统官僚组织内部监督体系以外的一个相对独立的外生性监督主体;三是信息技术手段加速了现代行政伦理监督手段的现代化发展程度;四

---

① 随机自组是指通过网络平台,公民参与是非指定区域、非明示身份的自愿参与;共识群体是指这些网络力量会给予社会中的某一现象、某一事物形成相似观点或类似目的。其基本特征是匿名、不固定和共识。

② 参见张康之:《网络治理理论及其实践》,《新视野》2010 年 6 月,第 35—36 页。

③ 叶皓:《应把媒体民意调查引入政府决策机制之中》,《新华文摘》2011 年第 2 期,第 5 页。

④ 《走近信息社会:中国信息社会发展报告 2010》,国家信息中心。

⑤ 《网络传播改变传统政治生活》,《人民论坛·双周刊》2007 年 7 月第 204 期,第 17 页。

是信息社会的外生性伦理监督所具有的即时性、广泛性和影响的重大性,使社会伦理监督更加直接地影响政府决策。

(三)基于现代信息技术基础上产生的社会化监督促进了政府自身建设

基于现代信息技术基础上的社会化监督,使社会更容易形成共识。电子政务、智慧城市等信息化建设工程,不仅给公众提供了更多社会服务,而且有利于普通民众了解政府决策、执行的过程,提高普通公民的参政程度,把社会治理当成公民和政府共同的责任,更加容易形成正面共识;但是,由于基于信息技术的民意表达具有相对更大的自由度,对于一些社会问题和政府管理中的问题,也就更容易扩大化,也容易形成负面共识。如当代中国所面临的行政伦理失范之所以显得数量如此之多,情节如此恶劣,产生了很坏的影响,除了制度缺失、伦理失范、权力失控、利益失衡等诸多原因外,还有一个重要的原因就是信息社会使这种现象更容易曝光,大量的负面信息使公众更容易产生扩大化的负面效应。因此,现代信息传媒不仅充当了民意监督的代表,而且成为了信息发布的大平台,为政府行政和公务员履行职责施加了前所未有的压力,推动了政府自我建设、自我完善的进程。

四、行政价值:由传统精英行政向公民行政转型

公共行政管理逐步步入公民行政时代。信息时代使公民更加便于了解政府管理,也给公民参与行政决策、管理提供了技术便利和实物平台,在使公民表达意愿更加方便快捷的同时,通过以网络为代表的信息平台,更加容易形成意见共识。公民行政的出现,打破了传统的精英管理和典型的职业行政管理格局,使行政权力出现向普通公民主体让渡的趋势,使行政管理价值由传统的政府为主塑造核心价值向公民、社会组织和政府共塑转型,使公共行政价值回归到公民本原。

(一)公民行政是人本行政

公民是服务型政府行政的出发点和归宿点,公共行政归根结底是人政,政府行政的属人性,既指行政行为本身的人为性,更是强调政府行政行为的为民最终目的,政府行政最终是为了满足人的需要,满足普通公民的需要。

政府必须重新回归到现实的、活生生的个人,以"人为目的"为根本出发点与落脚点,满足人的物质性需要和精神性需要,关注人本身的价值及意义、关切人的生存和全面发展的需要,从而有可能将自身存在之意义的与人的意义相同一,在为了人和属于人的原点上充分体现政府自身存在之意义。①按照"社会质量理论"的内涵,社会质量是指人们能够在多大程度上参与其共同体的社会与经济生活,并且这种生活能够提升其福利和潜能。②其内涵包括社会经济保障、社会凝聚、社会包容以及社会赋权等几个方面。尤其社会赋权是指个人的力量和能力在何种程度上通过社会结构发挥出来,社会关系能在何种程度上提高个人的行动能力。实际上,其最大的特点就在于超越了传统政治参与的赋权含义,关注社会为个人发挥自身能力而提供的生活机会是否公平,指向的是人的尊严。③所以公民主动参与的公民行政,在本质上是逐步实现了还权于民;对社会整体而言,逐步扩大了社会满足公民参与社会管理和享受社会福利的潜能和需要,提高了社会质量;在伦理价值目标上指向更高层次的人的尊严和自由发展。

(二)信息社会背景下的公民行政改变了公民民主参政模式

体现信息社会背景下公共行政价值的公民本原回归的最显著标志就是公民行政的出现。民意通过信息平台更容易完成行政参与和政意表达意图,更便捷地形成民意合力,使民众对公共管理的参与度与影响度更高,行政管理由原来所有公共事物管理通过契约式国家代理,逐步部分地还原到公民主体自治或自主参与管理,逐步推进公民参与行政管理和公共管理。信息社会给政府行政提供政务公开、透明行政的平台和要求的同时,也意味着公民参与行政的自主性和自由度具备了进一步加大的技术前提。信息社会背景下,公民通过更加现代化的信息技术手段参与政府决策和管理,具有

---

① 李晓强:《公共行政的合法性与人的需要》,《理论学刊》2010 年 6 月第 6 期,第 70 页。

② 转引自张海东:《从发展道路到社会质量:社会发展研究的范式转换》,《新华文摘》2010 年第 14 期,第 16 页。

③ 参见张海东:《从发展道路到社会质量:社会发展研究的范式转换》,《新华文摘》2010 年第 14 期,第 17 页、18 页。

更加自由和通畅的意愿表达平台,对公民民主参政模式产生重大影响。从政府管理模式来看,改变了传统政府以往由上至下的权威命令和计划控制的单一管理方式,逐步发展成为上下交错、互动的参与式管理,使民主管理和服务管理更加贴近管理和服务的主体——公民,并逐步使公民作为真正的管理主体,通过现代信息手段介入到整个过程;从参与方式来看,除了体现信息化手段的特征以外,从被动走向更加主动的参与;从参与的模式来看,由原来的权力与利益分配模式向权力与利益博弈模式转变,进入社会参与模式。①

(三)信息社会使传统精英管理向平民化和权力共享化趋向转移

网络信息缩短时空距离,改变交往平台,促进了人与人之间重叠交往和重复交往的几率,使行政伦理主体的社会化程度日益加深,打破职业交流壁垒,职业特征的选择性强化和淡化特征日趋明显,使以前高度职业特征的行政伦理逐步走向公众,使职业政治家和管理者向公共社会管理的平民化和权力共享化趋向转移。据《走近信息社会:中国信息社会发展报告2010》称,自2008年中国信息社会指数首次超过0.3以来,信息化加速转型趋势明显,年均增长率为8.68%。随着信息技术普及的速度明显加快,其对经济社会发展的影响日益显著。信息技术的运用和信息平台的构建,使政府行政透明度显著加强,使普通公民和公民组织有机会和可能了解参与到决策、管理过程中去,打破了传统的职业政治家和行政官员垄断的格局,逐步进入普通公民参与的公民行政时代。

总之,信息社会时代的公民行政主要是指公民主动参与公共行政,成为

---

① 参见刘建明、史献芝:《新中国公民政治参与模式的四种形态与五个转变》,《当代世界语社会主义》2010年第3期,转引自《新华文摘》2010年第19期,"论点摘编",第156页。参与方式基于对民主政治实践的期望价值指向与现实需要考量,新中国公民政治参与的模式伴随着民主政治"潮起潮落"式的实践,在不同的历史时空中呈现出了"动员型"模式、"大众民主"模式、组织文化参与模式与社会参与模式等四种形态。新中国公民政治参与模式在民主政治实践过程中实现了不断创新与超越,并完成了公民政治参与模式的五个转变:即从外在强压模式向内自愿合作模式的转变;从理念性、实质性模式向实效性、程序性模式转变;从参与渠道的一元化模式向参与渠道的多元化模式转变;从权力与利益分配模式向权力与利益博弈模式转变。

政府以及其他组织的合作者、伙伴和监督制衡者,公民行政在政治上是互动、主动型的政治参与,在管理上是权力向公民主体的回归,在伦理精神诉求上,是公民需求主体为核心的人本行政。

第三节 对当代中国行政伦理失范现象的审视

21世纪初的中国,正处在一个激烈变革的转型期。随着社会主义市场经济建设的进一步推进,中国的改革表现为多层次、多角度的社会转型,政治上从农业社会向工业社会、知识社会转型、社会上从乡村社会向城镇社会转型、思想上从伦理社会向法治社会转型、经济上从计划经济体制向市场经济体制转型等。① 在这样一个重要的转型时期,政府管理与社会转型、经济转型、政治体制转型、思想观念转型和文化转型等诸多变化交织在一起,政府自身的调适能力和社会治理能力提升成为当代中国政府面临的巨大考验。与各种社会转型一样,行政伦理也需要一个变化和重构的过程,行政伦理失范成为必然出现的事实。但是行政伦理在政府能力构建中具有基础性和引导性的作用,随着改革开放的深入和经济关系的调整,要建立和健全社会主义市场经济体制,改善政府形象、转变政府职能、提高政府办事效率,加强行政伦理建设就显得尤为重要。

一、社会转型期行政伦理失范的表现

行政伦理失范有着复杂的时代背景和社会原因,但是无论其如何复杂,总是反应着公共行政管理本身的不足和转型期社会的某些显著特征,并呈现出具有较为突出特点的表现形式。审视我国当前的行政伦理失范,主要有如下几个方面的表现形式。

(一)行政权力异化——腐败滋生

行政权力异化是转型期中国最为关注的政府自身建设问题和社会问

---

① 世界银行:《1997年世界发展报告——变革世界中的政府》,中国财政经济出版社1997年版。

题。正如诸多相关研究所提出的,行政伦理失范的本质是行政权力异化,也就是说行政权力作为公共权力没有真正做到"权为民所用",在经济、政治领域出现了较多的权力寻租现象,其最突出的表现就是由此而产生的转型期社会的腐败现象。陈云同志说过:"如果听任腐败现象蔓延,党就有走向自我毁灭的危险。"可见,腐败是全党、全国、全体人民的公敌。

对于治理腐败,我党自成立以来就给予了高度的重视。早在1926年8月4日,第一次国内革命时期,中国共产党就向全党下发了一份《关于清洗贪污腐化分子的通告》。1951年11月1日,东北局书记高岗向中央作了关于开展增产节约运动的报告,反映了群众在斗争中揭发出的贪污腐化行为和严重的浪费现象、官僚主义。这个报告引起了毛泽东的高度重视,11月20日在为中央起草的转发这个报告的批语中首次提出,"在此次全国规模的增产节约运动中进行坚决的反贪污、反浪费、反官僚主义的斗争"。这就是有名的"三反运动"。① 邓小平也曾指出:"对搞腐败的人,不管他资格多老,地位多高,过去有多大的功劳和政绩,都要严格执纪执法。该开除党籍的就开除党籍,该给撤职或其他处分的就给这些处分,犯罪的还得法办。"② 十八大以来,中央进一步加大了治理腐败的力度,习近平主席曾立场坚定而十分明确地说过:要把权力关进制度的笼子里,形成不敢腐的惩戒机制、不能腐的防范机制、不易腐的保障机制。据统计,仅2013年,全国各级纪检监察机关共接受信访举报1950374件(次),其中检举控告类1220191件(次)。立案172532件,结案173186件,处分182038人。其中,给予党纪处分150053人,给予政纪处分48900人。③ 这一数据,既说明了我们当前所面临的严峻的反腐败形势,同时也表面了当代政府惩治腐败的决心。

(二)行政纪律松弛——作风散漫

行政纪律是行政组织为了维护公共利益和组织整体利益而制定的一种

---

① 王伟、邹世亨:《建国初期毛泽东反腐败思想探析》,《学校党建与思想教育》2011年第2期,第84页。

② 《邓小平文选》(第三卷),人民出版社1993年版,第156页。

③ 来源:《人民日报》2014年1月11日第4版。

要求行政人员在行政管理活动甚至个人生活中必须遵守的行政准则和行为规范。广义的行政纪律包括政治纪律、工作纪律、保密纪律、廉政纪律、财经纪律和道德纪律等方面的内容,具有具体性、强制性、公共性和社会性等特点,是建设一支高效、廉洁公务员队伍的重要保证。但是,由于各种复杂的因素,我国当前行政管理队伍普遍存在行政纪律松弛,作风散漫的问题,已经成为行政伦理失范的重要表现之一。

党的十八大以来,中央出台了"八项规定"等系列文件,并且加大了对行政作风的纠察力度,力促行政作风改进。据统计,截至2013年12月31日,全国共查处违反八项规定精神问题24521起,处理党员干部30420人,其中,给予党纪政纪处分7692人。中央纪委直接查办、督办、转办违反八项规定精神问题共252件。30个省(区、市)纪委监察厅(局)74次专门通报,共对372起违反八项规定精神典型问题予以曝光,向全社会释放执纪必严的强烈信号。①

(三)行政信念弱化——丧失职业忠诚

行政信念是指行政主体对其所应遵循的行政原则和行政理想的坚定不移的确认和笃信。它由行政认识、行政情感和行政意志三部分所构成。②行政信念的弱化,会直接影响行政人员的从业信仰,甚至丧失职业忠诚。行政信念弱化,在工作中会使行政主体缺失可依的行为依据,影响行政组织的团结和工作效率。由此,行政信念是行政主体行政行为的准则,也是行政主体对行政行为进行评价的依据和标准。③

转型期中国,各种信念和价值观念并行,发生碰撞是难免的。作为国家的公仆,行政人员应该本着全心全意为人民服务的信念来从事行政工作。然而随着当前我国社会进入转型期,旧的价值观面临着崩溃,新的价值观还尚在建构的情况下,一部分行政人员出现了价值观的迷失、信念的弱化,极大地损害了党和政府在人民群众中的威信,抹黑了党和政府在人民群众中的形象。

---

① 来源:《人民日报》2014年1月11日第4版。
② 刘歌宁、彭国甫、颜佳华:《行政文化学》,湖南地图出版社1992年版,第89页。
③ 王希怀:《信念论》,长城出版社1999年版,第101页。

（四）不履行行政职责——执行力下降

行政职责与行政职权是紧密相关的。所谓行政职权是指行政主体依法享有的，对于某个行政领域或某个方面的行政事务实施国家行政管理活动的资格及其职能。它是国家行政权力的转化形式。所谓行政职责是行政主体及其公务人员在行使行政职权过程中依法必须承担的义务。行政职责的实质是行政主体在行使行政职权、执行公务中所受到的、应如何行为的法律约束。这就决定了在行政管理活动中行政主体不得随意放弃行使行政职权，而且行政职权的行使应当做到合理、合法，既不越权又不滥用且不违反法定程序，换言之就是必须履行行政职责。

当代中国，由于行政职能转换，行政权力与行政责任不一致，行政监督不到位，行政主体行政忠诚和行政信念弱化，不履行或者不能很好履行行政职责，其实质是一种典型的义务型失范，即掌握公共权力却不尽义务，同时，由于缺乏合理的责任追究机制，所以出现大量渎职失职现象，导致行政执行力明显下降。在这类失范行为中，主要有两种情况：一是行政不作为，在其位不谋其职；二是由于行政能力和水平不够，不能很好地实现行政目标。

（五）道德缺失——损害政府公信力

公务员的道德水准和政府的道德水平，是取信于民，建立政府公信力的关键，由此，有道德的公务员和有道德的政府是政府公信力的主创力（关于政府道德的问题，会在另章中单独讨论。在此，主要从一般的职业道德范畴来探讨公务员的道德问题。）。如前已经论及的，公务员道德结构至少包括三个层次：个人道德、社会公德和职业道德。前者属于私德，后两者属于公德。由于公务员的特殊职业和地位，其道德水平会具有更大的社会影响力，无论私德还是公德，都会受到更多的社会关注。

政府行政人员既是公务员，也是公民；既是行政职业从业人员，也是家庭成员、社会成员。多重身份背景下的多种伦理要求，使从事特殊职业的公务员必然要在各个领域承担起道德模范的角色。一旦道德缺失，不仅会导致个体无德，而且会导致政府无信。当代中国，由于道德缺失影响政府公信力的主要表现在三个方面：一是职业道德缺失。职业道德既是本行业人员在职业活动中的行为规范,又是行业对社会所负的道德责任和义务,一些公务员在公务活动中,没有职业品德、无视职业纪律、缺乏专业能力、忽视职业责任,甚至玩忽职守。二是公德失范。是否遵守公德,是决定一个人能否担任公务员最重要的因素,作为公务员首先是一个合格的公民,但是某些公务员由于约束不严、自我要求放低,连起码的公共道德都无法遵守,甚至违法犯罪。三是私德失范。一些公务员,不注重个人品德、修养、作风、习惯的养成,在个人生活中处理爱情、婚姻、家庭问题、邻里关系等方面缺乏应有的道德自律,甚至成为生活糜烂的反面例子。在现代社会中,由于信息技术的广泛运用和公民意识的不断加强,由选举产生的或指派的公务员更容易成为关注的焦点。从某种程度来说,身边的公务员就代表着身边的政府,公务员的公德和私德修养水平会更快、更大范围地影响政府形象。

二、行政伦理失范的主要原因

我国的改革最早始发于经济领域,由此而引发社会结构的急速分化、社会多主体出现、多种价值观念并行,使政府面临着前所未有的复杂化社会现状,政府职能转变、公共行政价值观重塑、政府治理模式转变等成为转型期中国政府面临的重要课题。在社会和政府双重转型的背景下,各种政治社会思潮的流变,社会群体价值观的倾向,制度重构的深层次价值转向等因素,都会深刻影响个体伦理取向、个体道德生成机制、个体伦理困境下的行为选择以及个体与外界环境的互动方式,行政主体同样面临着巨大的冲击,行政伦理失范存在多方面的深层次原因。

(一)公共价值缺失

公共性是现代政府实体性存在的合法性依据,公共价值是服务型政府的灵魂和旨归。但是,严格意义上说,1978 年以前的中国传统社会鲜有公共价值存在的空间,传统中国政府算不上是真正的服务型政府,也就不存在公共价值的引导。这是一个现代政府的演变和构建过程,也是公共价值的形成过程。回顾我国社会和政府的发展历程,大致可以分为三个阶段:

1. 传统封建社会阶段。这个阶段在政治上是家国同构的政治结构,在社会结构上是典型的臣民社会,在政府治理模式上是典型的德主刑辅模式。在这样的社会中,既不可能出现真正的民主政治,也不可能出现现代意义上的公民社会和公民组织,更不可能有真正的公共价值。但是,这么漫长的封建社会时期所形成的系列惯性文化和思维模式,其影响会在相当一段长时间内存在。

2. 中华人民共和国成立以后到 1978 年以前的中国政府。徐邦友先生在其《中国政府传统行政的逻辑》一书对我国在计划经济基础上形成的、至今仍有结构性遗存的传统政府行政样式及其内在逻辑进行了创造性的研究。他认为,中国政府在政治上是一个好政府,它拥有所有成为好政府的一切政治基础和条件。但是从市场经济和民主政治角度看,目前的政府尽管已有很多方面的变化,但还远不是一个现代性政府,政府行政从根本层面观察,仍属于传统的以管制为本质特征的全能统制型的政府行政范式。新中国建立后,我们在计划经济基础上形成的是一套以管制为本质特征的全能统制型政府管理模式。它雄踞社会之上,不仅固守着一般的国家行政职能领域,而且还蚕食了属于社会和公民的自主性空间。社会内部弥漫着对政府的崇拜和迷信,政府对自身能力也充满了自信,甚至达到了自负的程度。……这是一种致命的自负。它严重滞碍了社会的自主性发展。[①] 可见,新中国成立后的政府,虽然基于当时的形势和社会发展发挥了极其重要的作用,但是仍然算不上是真正的现代意义的政府,没有形成真正的公民社会,也就不存在完全意义上的公共价值。

3. 1978 年以后的现代政府。随着经济、政治和文化等多种体制改革有序展开的中国社会,市场经济、民主政治和社会主义文化体制等方面逐渐现代化,服务型政府建设成为了当代中国政府建设的目标。服务型政府是中国学者和实践者结合中国实际提出来的,是中国改革实践的结果。在 1998年的政府改革中,首次明确提出要把公共服务纳入政府服务职能。2005 年

---

① 参见高振华:《告诉你一个真实的政府——简评〈中国传统政府行政的逻辑〉》,《资料通讯》2005 年第 10 期,第 41 页。

的政府工作报告中明确提出:"努力建设服务型政府。创新政府管理方式,寓管理于服务中,更好地为基层、企业、社会服务",服务型政府成为国家意志。服务型政府建设目标的确立,标志着我国政府管理现代化建设的开始,是政府职能、管理模式和管理理念的全面转变,也是构建适应社会主义新发展阶段的公共价值体系的新阶段。2013年,党的十八大报告明确提出:"要按照建立中国特色社会主义行政体制目标,深入推进政企分开、政资分开、政事分开、政社分开,建设职能科学、结构优化、廉洁高效、人民满意的服务型政府"。这一论述明确了服务型政府建设目标,指明了行政体制改革方向,明确提出了服务型政府建设路径,是我党和政府长期实践经验的总结,也是对现代管理理论认识的新高度。

公民社会的存在、公民组织的形成以及服务型政府三个方面可以说是公共性价值存在的基本条件。从我国政府的发展历程来看,公共价值成为政府建设的灵魂和核心,是近10多年的事情,因此,对于当代中国政府而言,公共价值地位的确立,需要在传统政府价值体系的基础上,结合服务型政府建设的政府现代化需求,不断进行整合和建设。

(二)行政管理体制改革滞后

行政管理体制改革贯穿我国改革开放和现代化建设全过程,是经济社会发展的必然要求。经过先后7次行政管理体制改革,政府机构数量有所减少、机构设置渐趋合理、行政管理方式也发生变化、依法行政和建设法治政府取得进展,行政效率明显提高。但是行政管理体制改革仍然滞后,使行政组织和公务员困囿于体制机制的束缚,按照传统官僚体制的价值模式和行为模式行动,行政伦理失范就不可避免。

回顾我国行政管理体制改革的过程,经济和社会领域的变革总是处于先声的位置,行政管理体制改革与之亦步亦趋,要慢半拍。事实上,人及由人组成的组织总是经济和社会的产物,已经变化的经济活动方式会促成人和组织新的经济思维,变化的社会会使人及其组织不由自主地适应新的社会关系和社会规范,形成新的社会思维结构,在这种背景下,再推进行政管理体制改革,使行政主体始终面临着旧的体制下形成的惯性思维、行为方式的变化和价值观念的冲突,新的行政伦理观没有形成,旧的行政伦理观明显不适应,行政行为失去制度依靠和价值依凭,使行政主体始终处于纠结状态,因此,行政管理体制改革的滞后成为行政伦理失范的重要诱因,具有全局性、前瞻性和时代适应性的行政管理体制改革显得尤为重要。也正因为如此,党的十八大报告中才进一步系统提出:"要按照建立中国特色社会主义行政体制目标,……建设职能科学、结构优化、廉洁高效、人民满意的服务型政府。"

(三)行政管理体制改革需要一个系统性的认识和渐进过程

党的十八大报告指出:要深入推进政企分开、政资分开、政事分开、政社分开,深化行政审批制度改革,继续简政放权,推动政府职能向创造良好发展环境、提供优质公共服务、维护社会公平正义转变。这次的行政管理体制改革目标明确,改革的重点领域清晰,从推进的系列举措来看,确实在向改革的"深水区"迈进。综观 20 世纪 80 年代以后的几次改革,或多或少都存在不彻底的现象,从而说明,我国的行政管理体制改革正在经历一个探索、深化和系统性的推进过程。

受我国原有制度、历史文化因素、人口资源以及改革经验与目标等诸多因素的约束,我国一直对渐进式改革模式情有独钟。在行政改革系统内部,大家比较愿意从行政方法和行政机构入手,逐渐积累经验,然后逐步去触及机制和体制改革层面的矛盾。在改革的总体系统中,大家更愿意从经济改革入手,愿意在行政改革上面做文章。[①] 而对于政治层面的矛盾问题,都当作敏感的地雷不敢轻易涉足,目的是避免过激动作引发震荡甚至导致失败。[②] 因此,渐进改革和适度改革,演变为保守改革、有限改革、选择改革和主观价值改革,由此造就"过渡性体制"或"扭曲性体制"。[③] 行政管理体制改革是一个逐步深化的过程,不可能一蹴而就,但是对行政管理体制改革认识的偏差和执行走样,导致政府与市场不分、政府与企业不分、政府与社会

[①] 马庆钰:《中国行政改革前沿视点》,中国人民出版社 2008 年版,第 30 页。
[②] 马庆钰:《中国行政改革前沿视点》,中国人民出版社 2008 年版,第 30—31 页。
[③] 马庆钰:《中国行政改革前沿视点》,中国人民出版社 2008 年版,第 34 页。

组织不分、政府与事业单位不分,造成政府"越位"、"错位"和"缺位"。一个自身定位都不明确,职责不清晰和改革中会经常走样的组织,当然就很难避免组织伦理失范。

(四)政府职能转变不到位

政府职能转变是行政体制改革的重点,自 1982 年开始第一次行政管理体制改革以来,虽然政府职能发生了很大变化,但与服务型政府对经济调节、市场监管、公共服务和社会管理等方面的要求来看,还没有完全到位。如在一些地方和部门,政府仍然在资源配置领域发挥主要作用,市场配置资源的基础性作用还难以充分发挥,不必要的行政审批和变相的行政审批仍大量存在。政府跨越和干预过多的领域,承担过多的任务,享有不该有的行政审批权,使行政主体官僚主义思想膨胀,利益关系更加复杂,权力谋利的可能性增加,对职业的理解基于利益的博弈和诱惑,容易走向组织和个人的自利性。

(五)行政机构设置不合理

1988 年以后的几次行政管理体制改革,在精简机构、下放权力等方面取得了一定成效,但在机构设置、职权划分、运行方式方面还存在一些问题。在机构设置上,部门接受上级垂直管理与同级政府的多头管理模式,造成各级政府部门重复设置、机构臃肿,行政运行成本不断提高。从层级关系来看,历次机构改革都是从组织设置的横向划分方面着手,从规模上控制政府机构的膨胀与人员的增加,但在纵向分层的问题上甚少涉及。层级过多容易导致机构臃肿,信息不畅,效率低下,行政成本过高。从机构职责看,由于政府内部职能划分不清,有关职责权限划分的规定缺乏法律效力,加之部门起草立法的影响,导致对有些行政事务多头管理、重复交叉执法,权力与利益挂钩,甚至不同部门权力交叉或者重叠,发生矛盾后难以协调,出现"管理真空"。① 多头管理、职责不清和官僚层级复杂等问题一直没有得到很好的解决,使行政组织成为一个庞大而复杂的技术性工具组织,行政人员在这一系列的机构中,只能被动运转,职业精神和职业创造能力湮没在"机器惯

---

① 马怀德、薛刚凌:《行政管理体制改革研究》2006 年 8 月 2 日,文章来源:法治政府网。

性"之中。

（六）制度建设滞后

美国制度学家道格拉斯·诺思认为"制度是一系列被制定出来的规则、守法程序和行为的伦理道德规范,它存在约束主体福利或效用最大化利益的个人行为"①塞缪尔·亨廷顿认为"没有强有力的政治制度,社会就会无力界定和实现其共同利益。……一个拥有高度制度化的关联组织和程序的社会,更能阐明和实现其公共利益。"②对于多角度、多层次社会转型背景下的中国政府,行政制度建设是其改革主轴,政府既是制度创新和供给的主创力,同时政府本身必须是设计完善、合理的制度。

随着社会主义市场经济建设的进一步推进,中国的改革表现为经济、政治、文化、社会等多层次、多角度的混合社会转型,政府也在这一浪潮中一起经历着转型,由于新的政府与社会、政府与企业、政府与市场以及政府内部之间等方面的关系的重新确立,原有的治理模式和制度体系被完全打破,政府在面对新的形势时,根本来不及也没有能力提供与新的管理体制和社会环境相适应的系列完整制度,导致在社会转型期,一方面新的问题不断出现,另一方面制度供给满足不了需求。制度建设的滞后,会使政府和社会群体一样在某些领域出现失范。

长期以来,我国的行政伦理文化中,人治思想比较严重,中华人民共和国成立以后,在计划经济下形成的全能型政府治理模式,使政府习惯于处于社会顶层、驾驭社会的角色,而随着以市场经济为基础,基于合作共治的政府与社会关系基础上形成的服务型政府的出现,完全颠覆了原有的行政管理制度设计理念,新旧制度交替,出现制度空白,加上最初的政府建构和制度供给过于强调技术性和工具性,忽视了行政管理的价值性制度建设,使有关权力约束和监督体系制度不健全,行政伦理失范便成为了制度缺陷的阶段性表现形式。

---

① 道格拉斯·C.诺斯:《经济史中的结构与变迁》,陈郁、罗华平等译,上海三联书店1994年版,第225—226页。

② 塞缪尔·亨廷顿:《变革社会中的政治秩序》,李盛平等译,华夏出版社1988年版,第24页。

三、对当代中国行政伦理失范现象的反思

当代中国的行政伦理失范现象,是经济社会发展和政府治理完善过程中的阶段性表征,它为行政伦理制度化建设提供了基于现实的研究问题,对其进行深刻的反思,有助于了解其中更深层次的原因。

(一)行政体制改革是治理行政伦理失范的根本

从本质上说,行政管理体制是一个国家的政体及其管理制度的集中反映;从运行状态上说,它是由各种行政管理机构、管理权限、管理制度、管理工作、管理人员等有机构成的一个管理系统。[1] 它界定了行政机构的权力和职责划分、行政机构的组织形式、一定的规章制度和法律程序以及体现各个国家国情的行政管理模式。如果行政管理的体制机制不能适应当前的国情,那么政府组织及其公务员就会处于一种无序的状态中。

行政伦理失范现象的出现,既反应了当前行政管理中存在的问题,也凸现了行政管理体制改革的重要性。党的十八届三中全会做出的《中共中央关于全面深化改革若干重大问题的决定》中指出:行政体制改革要以经济体制改革为重点,通过经济领域的行政体制改革来牵引和带动其他领域的相关改革;简政放权,增加取消下放审批事项的含金量,让企业、让老百姓真切享受到改革成果;优化政府组织结构,在行政区划调整、县改市等方面,防止发生相互攀比和失序行为;减少机构数量和领导职数,严禁行政编制和事业编制混用,严禁上级部门干预下级的机构编制事项。这是当前中国行政管理体制改革的重点,也是对当前我国行政管理体制中存在的问题的真实反应。当代中国的行政管理体制改革是与中国国情相适应的改革,这一改革是政府组织合理性的不断完善,政府执政力的不断提升,只有通过改革行政管理体制,才能从根本上确立行政管理的核心价值和职业标准,才能为行政伦理建设提供坚实的组织和制度保障。

---

[1] 孙佳妮:《中国乡镇行政管理体制改革研究——以吉林省扶余县部分乡镇为例》,硕士毕业论文,2011年,第5页。来源:中国学术期刊网络出版总库。

（二）完善的制度是权力制约的保证

新制度经济学的代表人物之一诺斯认为,在决定一个国家经济增长和社会发展方面,制度具有决定性的作用。制度对人的行为的确定性有约束作用,主要体现在给人与社会以一定之规的行动准则、行为标准和明确的制度责任(后果),在社会和管理中,提供的是一种秩序。对于转型期的中国政府治理而言,制度创新和制度供给是确保社会治理有序的关键。

政治学家萨拜因说过:"当人们处于从恶能得到好处的制度下,要劝人从善是徒劳的。"①由于公共行政管理在本质上从属于政治领域,这个领域"人的最大化的冲动是权力"。② 转型期的中国政府具备一切成为好政府的政治条件,但是如何成为一个好的政府却是一个建设和探索的过程。权力与利益是公共行政管理的本质,约束公共权力并使之成为公共利益最大化的有效手段,是当代中国政府与传统政府最大的区别。无论是在转型期,还是稳定期,权力与利益的相互异化总是存在的,其关键在于如何通过制度界定权力与利益的关系。在社会主义市场经济的转型期,传统计划经济下的全能政府模式被社会主义市场经济制度打破,政府成为宏观调控的主体,而不是直接参与经济活动,使之从权力政府转变为服务政府,从全能政府转为有限政府,为社会主义市场经济提供政治保障,这就界定了政府与市场的关系,限制了政府作为组织的自利性行为,杜绝公务员运用权力谋取私利的行为;对政府的规模与结构加以限制,实行严格的编制制度;逐步扩大直接选举的范围,改革干部人事的任用和选拔制度;完善人民代表大会制度,切实保障人民群众参政、议政,管理国家事务的权利通过制度保障得以真正实现。通过多年的建设,这些制度不断完善,取得了良好的成效,但是还需要进一步落实和细化,真正发挥制度的实际功效,为行政管理和行政伦理建设提供良好的制度环境。

（三）建立完善的行政伦理制约机制

孟德斯鸠有言:"一切有权力的人都容易滥用权力,这是亘古不变的一

---

① 萨拜因:《政治学说史(下卷)》,商务印书馆 1986 年版,第 63 页。
② 毛寿龙:《有限政府的经济分析》,三联书店 2000 年版,第 417 页。

条经验。有权力的人们使用权力一直遇到有界限的地方才休止。"①马克斯·韦伯有言：一个国家的落后，首先是政治精英的落后。在社会转型期，行政主体的素质具有关键性的作用。从本质上说，行政伦理是属于他律范畴的规范体系，按照人的道德养成规律来看，"他律——自律——品格"是其基本路径，建立良好的行政伦理监督制约机制，可以使行政主体始终接受社会监督，同时也为培养行政人员良好的行政伦理素养提供良好的社会环境。

结合当前我国存在的行政伦理失范现象，建立和完善监督制约机制是十分必要的。在加强人大监督，扩大社会监督的同时，还应该进一步加大公民参政议政的力度，促进民主行政和公民行政，实现多主体和谐共治；要充分发挥现代信息技术和大众传媒的监督作用，使行政行为透明化、阳光化；要建立专门的行政伦理监督机构，对公务员及其政府组织，尤其对重点部门和重点部门的公务员，开展重点监督，对其存在的非道德性行为进行监察纠正。

（四）加快行政伦理制度化进程

没有制度依靠的道德是不确定的道德，反之，没有道德支撑的制度是不人道的制度。西方国家的经验表明，行政伦理制度化是治理行政伦理失范的有效途径。

转型期中国发生的巨大变化和出现的行政伦理失范，说明原有的行政制度、伦理规范已经失效或部分失效，无法企及和涵盖现代政府管理的需求。行政伦理制度化把一些基本的伦理规范转变成制度或法律，为行政伦理建设提供制度依靠，为行政自律养成提供良好的制度环境和社会环境。同时，从西方国家行政伦理制度化的内容来看，一般都对从事公务活动必须遵守的道德行为准则有明确的规定，对管理廉政事务的专门机构的职权范围有清晰的界定，对公职人员有系统的从政道德教育和监督措施，对违反行政道德行为给出了可执行的处罚尺度和程度，对履职人员的活动权限有明确的限制性规定，对公职人员的行为通过制度进行规范，提高了职业约束力，同时也使行政职业伦理具有了更高的制度平台和制约体系。

---

① 孟德斯鸠：《论法的精神（上）》，商务印书馆1961年版，第164页。

第三章 中美行政伦理制度化实践及其启示

行政伦理制度化是行政伦理向制度转化的路径,它是行政伦理和行政制度互为作用的通途。行政伦理不仅在动态上作用于行政决策、行政管理的全过程,而且在静态上,所有的行政制度和行政组织都必须体现伦理性。但是行政伦理一般都被认为是行政精神指向和引导的价值导向工具,而没有对其行政工具和行政方法的作用引起足够的认识。在近代西方国家行政实践和传统中国社会治理中,行政伦理制度化并不是什么新的课题,而是一种与行政活动相随相伴的行政管理方法和管理实践。

第一节 中国传统伦理与制度同构实践

伦理与制度双向同化是中国传统社会的显著特征之一。自春秋时期开始到明清时代,历经 2000 余年的发展,礼制成为伦理与制度同构的载体。虽然这一以伦理致思为先导的伦理制度化和制度伦理化思路存在很大的弊端,但是在传统农业文明的中国社会里,礼制成为了集政治、行政、文化、法律功能为一体的特殊机制,在政府行政、社会治理和文化训导等方面发挥了极为重要的作用,其伦理与制度融合的思想具有重要的借鉴意义。

一、礼制是中国传统社会制度立法的渊源

伦理向制度方向的靠拢,其实质是一种由内(心性)向外(制度)的转向过程。自周公制礼作乐,完成礼制在伦理与制度两方面的雏形开始,孔孟以人性论打通二者之间的关涉,至董仲舒把儒家礼论正统化后,中国传统社会

中的礼制便成为了兼容伦理与制度的特殊机制。

从宽泛的意义上,礼实际上是一种具有中国传统文化意蕴的弥散性文化模式,它不但表现为政治制度、法律规范,而且是日常生活中的伦理大纲。它不但表现为外在的制度上维持着整个社会的整合,而且还以伦理道德的主体自律性对人的思想意识进行指导,使人们在潜移默化中遵循礼的要求,这就是儒家所津津乐道的礼乐教化。[①]

礼制治国理论的核心观点就是主张个人自我克制与社会秩序均衡,只关心等级身份衍生的种种社会关系的准则能够为人们自愿遵守。这一制度立法思想,从自然劳动分工论出发,鼓励社会各界各类人找到并安于自己的角色。[②] 这就是为什么传统中国社会的统治者对儒家的身份伦理倾注大量心血的原因,只有以礼定分,才能使社会秩序井然,才能为王权统治谋取合法的理论渊源和权威。因此,礼制和礼意的法律制度的任务就在于规定以上述自然分工为基础的行动模式,让每一种自然分工的行业和行业内部不同等第人群的特殊美德,在君父一元价值观的引导下规范化、标准化、日常化。

历代封建皇朝的政府体制和制度体系都不是建立在成文宪法之上的。宪法原则在很大程度上不过是一种礼制惯例。自汉武帝树立三纲五常的政治原则后,此后诸朝再没有对之更改过,后续诸朝仿佛均已亲睹秦政之败,而赋予"德主刑辅"治国思路以极大的关注。以父子、夫妻、宗族、师徒、上下级等关系为原型的父权、夫权、宗主权、师权、职位权等诸多权力制度,首先强化的便是行为主客体之间的伦理关系和伦理义务,通过伦理倡扬,辅以强权,使这些关系中的人伦规范树立起制度权威。因为这些一般的伦理规范用来表达政治性质的君主意志,如果没有政府和皇朝的认定,一是随意性较大,二是刚性不够。正如前已述及的,这种伦理的刚化,正好弥补了封建王权的政治扩延能力和财政的局限,伦理训化手段把统治成本,分散消化在

---

① 廖炼忠:《制度伦理视角下的传统礼制治国模式探析》,《云南行政学院学报》2013 年第 5 期,第 49 页。

② 参见李宝臣:《文化冲撞中的制度惯性》,中国城市出版社 2002 年版,第 53 页。

家庭、家族之内。①

二、礼法合一的伦理制度理念

政治精神的确立,为政治活动规定了价值取向和行为准则。在传统中国社会治道中,儒家的政治精神,用演绎而非归纳之法融汇到政治制度层面时,体现出鲜明的伦理规范与社会政治规则合一,即礼法合一的伦理制度理念特点。② 这一理念包括三个主要层次:

(一)伦理作为内心准则与政治作为内心意愿的合一。伦理要求与政治要求同源于主体意志,是中国传统社会伦理与制度衔接的关键。历代思想家们认为伦理源于主体意志,是因为它是求诸己而非求诸人的,政治作为内心意愿的反映,则是因为只要心内有皈依礼制的要求,就可以符合礼法机制。从这一观点出发,从早期儒家开始,思想家们便是以一种阶级使命感去建构这种伦理与政治的同源同构性理论。③ 如孔子以"我欲仁,斯仁至矣"④作为阐释伦理与政治主体同源性的基本理念。

(二)伦理作为外在行为的规范与制度作为行为控制强制手段的合一。礼作为一种法度,伦理是其底蕴,行为机制是其外在作用方式。孔子、孟子等早期儒家思想家以礼仪制度与法律运作的合一来回答政治运作中的伦理功能。但自秦朝教训之后,伦理的调控功能在伦理与制度同构体系中,其强度日益加大。至鼎盛时期的儒家理论,更是发挥了伦理的先验性、神圣等级性以及修德化性等方面的作用,在理论上强调政治的合法性,反过来又用制度的强力刚化伦理,以调控社会。总之,礼既成为了宗法血缘伦理(孝悌)

---

① 参见廖炼忠:《制度伦理视角下的传统礼制治国模式探析》,《云南行政学院学报》2013 年第 5 期,第 49 页。

② 参见廖炼忠:《制度伦理视角下的传统礼制治国模式探析》,《云南行政学院学报》2013 年第 5 期,第 49 页。

③ 廖炼忠:《制度伦理视角下的传统礼制治国模式探析》,《云南行政学院学报》2013 年第 5 期,第 50 页。

④ 《述而》。

的必然表现，又成为政治伦理（忠）的绝对要求（事君尽礼）。① 因而，中国传统社会里，伦理的规范性与制度的控制手段合一，在实践模式上，不断强化"修身、齐家、治国、平天下"的伦理与政治两通之途。从而，也就不难理解历代思想家强调修身讲德的个人目的和社会政治目的了。②

（三）伦理的主体自由裁量与政治行为的由心定论原则合一。伦理与政治合于礼法的思想，按其原初的思想方向，可以归结为"原心定罪"四个字。相对于社会统治的需要而言，伦理本身不具有社会强制力，因为一般认为伦理的温情面纱只有诱惑力，而不具有规范力。因此，从社会治道的需要上而言，伦理与制度、法律合一成为了社会治理的现实需求。

三、德主刑辅的礼制治国模式

荀子认为，礼制包括礼与法两个部分。荀子的这一观点，为传统中国社会开启了礼制完善和治国的两个思路，即伦理与法律两个致思方向。在此理论基础上，后代思想家洞悉秦朝灭亡的教训，使德教训化为主的伦理中国思想从此占据传统中国社会的治国主流，而从礼出发的礼意法律成为次要的辅助手段。

礼意法律是礼制的下限，礼制则超然于礼意法律之上，是具有道德性质的制度性规范，两者之间的功能关系呈现为"明礼以导民，定律以绳顽"③。事实上，道德原则和伦理关系的确是制度的两个基本内容，但存在和展开于人们的日常生活世界之中，并且也存在于制度设计和社会结构之中的伦理关系和道德原则，总是要通过体制安排和制度设计去发挥作用。也就是说，法律制度，权力结构体制及其他制度运行机制，都需要包含道德的内容，并且有把这些内容付诸实施的具体方式和方法。正如罗尔斯指出的，个人职责的确定依据于制度，首先是由于制度有了伦理的内涵，个人才具有道德的

---

① 任剑涛：《伦理政治研究》，中山大学出版社 1999 年版，第 231 页。
② 参见廖炼忠：《制度伦理视角下的传统礼制治国模式探析》，《云南行政学院学报》2013 年第 5 期，第 50 页。
③ 明太祖：《御制大明律序》。

行为。① 但在中国传统社会中,政治制度虽然确立了个人的职责,但是在伦理与制度的社会治道作用关系上却是颠倒的:传统思想家们走的是伦理关系定位,辅以制度强化的致思思路。因此,以伦理约束与伦理训导为主要内容的伦理治国模式成为了经世济国的理想选择,把对人的思想治理和精神麻木作为了防患于未然的首选治国策略,而法律则成为了惩治于已然,维护礼制权威的工具。

四、制度的伦理价值合理性

在传统中国社会里,制度的价值合理性首先是以伦理的工具性来强化对权威的信仰而进行的。因此,可以这样说,这种价值合理性不在于制度本身的公正可言性,而在于对合法性的信仰打造。这种打造是分别从三个方面进行的:

(一)仁义道德的价值为极尚

在传统伦理与制度同构同化史上,伦理在制度中的价值优先作用一开始便被充分地关注起来,它既被当作了制度立法的渊源,又是制度设计和运作竭力追求的极尚价值并以此为制度谋求合法正当性的理论辩护。这种辩护首先便是从"立人"之途发端的。人是在社会结构要素中运行的人,因此人既是伦理的人,也是制度的人。从理论上来讲,这种伦理与制度共同的属"人"性,构成了辩护成立的中介物。从传统儒家文化中不难发现,人首先是伦理的人,如果没有伦理对人定位,人便立不起来。从人往上追溯,仁义道德被赋予了带宗教色彩的天佑性质,然后从天往下通贯,用天走向人化的方式,把人具有上天之伦理性质作为超然的终极价值追求,即"天人合一"。这样,带有上天权威的宗教化儒家伦理,一方面使个人致力于明德慎行,修身养性的道德修养之路;另一方面,作为群体而言,伦理的约束性便自然地要走向畏惧"天谴"、与政治结合的刚性化道路。可见,伦理"立人"的定位,贯通了天人关系,类推下去,则把"人、家、国"三者构架在了伦理主线之上,

---

① 参见罗尔斯:《正义论》,中国社会科学出版社 1998 年版,第 105 页。

从而也就把伦理与制度关联起来，以伦理说制度。

（二）以仁义道德的价值来规定制度的社会运作效果

秦以后的中国封建制度，尤其中国封建政治制度，发生了许多巨大的变化，郡县制的出现，"世卿世禄"制为流动性很强的选官制度所替代，从而使中国在很早就出现了完备的文官制度，君主与贵族经过长期的权力逆向运动，由君主家族和部分豪族共同垄断经济和政治资源的局面，逐渐变成为由君主一个垄断的制度。① 但从本质上来说，封建的中国专制社会与其标榜的"三代之治"最大的连续性，就在于君主制度和由此带来的君主专制主义。一部中国的传统社会历史，同时也是一部专制的社会制度演变史。但有趣的是，这部专制制度史却始终是以作为公平起点的伦理为制度运作的价值取向和手段的，它力求以不平等的制度安排去达到平等的伦理目标。以礼治、仁义、礼法等控制方略，借伦理与制度同构同化理论，凸显其制度运作上的"维齐非齐"性质。

从整体上说，伦理与制度同构同化的传统制度运作体系，是不计较功利的，"何必曰利，亦有仁义而已矣"。因此，诸如"制民之产"一类的社会伦理举措，不过是合德性的制度实施的内在需求，即合伦理的人执政，便必然合伦理地施政、制订和推行制度。这种制度的推行，其本质目的当然是控制社会，追求制度的社会控制效果，但其制度的控制，似乎并不以控制的效果为直接的功利化目标，而是以制度去强化民众伦理之心的确立（恒产恒心即为典型）。当伦理化的为政过程（不忍人之政），通过制度下贯到各个层面时，又内在地包含着伦理化的天下认同结果。因此，社会政治举措上，伦理感召成为至上原则，而制度的强制作用只能依附于伦理而发挥作用。

事实上，专制的政府是崇尚专制的制度和暴力的控制的，正如秦朝专制一样，伦理温情的面纱是无立足之处的。但短暂却残酷的教训，使历代统治者立刻意识到伦理软化的社会治理效应，从而穿上了伦理外衣，走上了礼制驯化之路。这一历程的完成，是借"化国为家"的方式完成的。家国一体的

---

① 杨阳主编：《中国政治制度史纲要》，中国政法大学出版社2001年版，第121页。

治国模式,实际是血缘宗族的扩大化,这样,就把家庭伦理政治化而作为国家治理的伦理基础和目标。从而伦理价值对制度的规定性一方面表现在:以天子为核心的王权专制取家长的血缘地位而确立。"化国为家"既是家的扩大化,又是国的"家"向缩小化,从而使国君取父母地位而成为万民之父母,各级官僚也都是万民之父母;同时,父权严苛管理的专制性和对子女的温情脉脉的亲情就化为了严父慈母的天子形象;另一方面表现在,以家庭血缘伦理规约等级制度。在血缘家族或宗族的全部社会生活中,普通的家庭或家族成员没有不受专制的父权支配、主宰和控制的个人生活领地,强化父权在家族或宗族中的等级化、政治化生活内容中唯一合法的主持人和实际操作者,便以父对子嗣的绝对权威和子嗣对父的人伦规范为等级制度寻找到了现实的生活原型。在"三纲五常"的礼制结构中君臣关系是父子关系的专制化,这种父子原型的扩充,使君臣间赤裸裸的尊卑秩序的权力支配,涂上了父子血缘的暖色调,不仅软化了专制的权力支配,而且看上去更合乎人的天性,也就更合自然,更合乎伦理价值的政治操作取向。

(三)以仁义道德的价值,把伦理与制度贯通为一

从理论上讲,以仁义价值去贯通伦理与制度,使制度与伦理双向同化,必须要具有广纳各种制度的能力。在中国传统社会里,伦理对制度的包容性,便在多方面体现了这种价值合理性。第一,法律伦理化。法律不仅在目标上以德主刑辅作为伦理要求,而且在司法实践上也使法律变成沿心论罪的伦理审裁。第二,经济制度的伦理价值合理性。经济一方面被简化为伦理关注的活动,如王以行不忍人之政而制民之产;另一方面使经济制度取向"义"而非"利",以平等而非效率取向消解经济本身的求利性,走向伦理感觉之途。从而使均平的伦理化举措,成为经济活动的范式。第三,制度创立历史的伦理化。传说中的尧舜禹和汤文武周公等伦理与制度同构结构的代表均是作为伦理典范而树立,然后因此而树立起制度权威的道德人格载体。第四,教育制度的伦理化。教育制度被伦理化为道德传授和积善成德的机制。一方面,伦理规定了教育的内容(如文行忠信),使知识传授变为"不愤不启,不悱不发"的伦理启发;另一方面,伦理又成为教育的指挥棒,使人的社会化变为积德行善的个体内在体悟与社会氛围制导的伦理实践活动。在礼治的思想实践中,教育的目的在于培养表率乡里,教化地方,消除异端的熟谙经典礼制的儒学之才。

在历史上,这种以伦理价值合理性为追求的传统制度,它不仅符合以中国为代表的东方文化传统和华夏民族的道德文化惯性心理,而且,把道德信条的强化并以伦理合理性为制度设立和运作的制度习惯和体制,对于维持中央集权的封建皇朝的稳定,在一定时期内,对于维护和调节社会秩序发挥了巨大的作用。但现在回过头去审察历史,便会发现,正是由于对伦理价值合理优先性的重视是出于规范制度之外的至上合理性,故而它无法保证社会的惯常运作。当其与宗法血缘制度结合时,便把社会变成一种几近凝固,难于变易的结构;当其与社会变迁需求吻合时,又成为一种"应天革命"的动力。① 因此,几千年的传统中国社会,始终是王朝迭起,但屡变屡立,却走不出伦理治国的模式,它始终也没有创立新的制度模式,更没有认识到规范的制度作为工具合理性和价值合理性的弹性作用,从而游离于维持旧制,打破旧制又守旧制的思维循环定式中。

第二节　美国行政伦理制度化实践

如何借助合理的行政伦理方式,构建对公共行政管理主体的激励和权力制约机制,建立高效、廉洁的行政管理体制,是当今世界各国共同关注的重要课题。行政伦理制度化在美国最早兴起,在西方国家中具有明显的代表性。本节以美国行政伦理制度化实践为代表,分析其内容构成和特点,以资借鉴。

一、美国行政伦理制度化的主要内容

美国的行政伦理制度化是一个不断认识和深化的过程,根据美国政府

---

① 任剑涛:《伦理政治研究》,中山大学出版社 1999 年版,第 266 页。

和社会发展的需要不断完善。如前所述,20 世纪 50 年代以来,美国发布了许多的伦理行为准则或法案。从这些伦理准则和法案中,可以看出美国行政伦理职业标准制度化的主要内容涉及以下五个方面:①

(一) 诚实公正

美国行政伦理通常鼓励政府工作人员为了表达个人的信念而大胆地讲权利。个人信念和组织命令之间的冲突大都可以通过改善、协商或妥协的方式来解决。一些学者认为,在民主国家里,公务员决不是公众的奴隶,他们拥有全体公民拥有的同样权利,他们也拥有为足够稳定的工作和良好的工作业绩而奋斗的权利。人们不应要求公务员放弃他们的个人利益需要。关键是要以公正、合理的方式来实现个人的权利,以诚实和正义来提升个人价值。②

在美国的行政伦理法案中,最为主张雇员的诚实和正义的个人价值。这些价值通过行政伦理制度化反映在诸多伦理法案中,并成为联邦政府官员、工作人员和公共机构公职人员的伦理准则的根本指导方针。如美国公共行政学会提出的公共管理者必须遵循的伦理准则(ASPA Code),把"表现个人正义"作为其成员基本的伦理要求。③ 它要求公共管理者做到诚实、坚持原则—合理的行动、协调一致—合理的行动、互惠互利—合理的行动。

(二) 专业敬业

蒙哥马利·范瓦特认为:"职业化是形成合乎时代要求的较高伦理标准的有效手段。"美国要求公共管理从业人员要有较高的受教育水平,同时还要具有熟练的技术和管理能力,并认为这是公共管理者具有专业和敬业精神的重要前提。在处理从业人员的自身利益和公共利益时,认为必须肯定其自身利益的正当性,有较高的收入的同时,反对"过分的自利行为"。敬

---

① 美国行政伦理制度化的 5 个主要方面,参考了王正平先生在《伦理学研究》2003 年第 4 期上发表的《当代美国行政伦理的理论与实践》一文。

② 王正平:《当代美国行政伦理的理论与实践》,《伦理学研究》2003 年第 4 期,第 23 页。

③ Ameican Society for Public Adminstration. "Code of Ethics". Washiongton, D, C; Ameican Society for Public Adminstration,1994.

业尽责成为其职业最基本的价值理念,并较好地反映在行政伦理准则中。如 ASPA 伦理准则中把"力争成为优秀的职业人员"作为其从业人员的基本要求。包括提高个人能力,把个人能力的发展与职业发展相联系、承担职业责任、主动接受学校教学与公共服务等方面的具体条款。

(三)效率和规则

美国行政伦理关于组织价值的理念,把组织机构的工作效率放在首要地位。① 罗伯特·邓哈特认为,"合道德的才是有效率的"。为了提高组织机构的工作效率,应当以为公众服务作为管理系统的目标,使机构有好的声誉,吸引和留住高质量的人才,同时要建立合理的规则,来克服官僚主义和教条主义的倾向。

ASPA 伦理准则明确提出"鼓励组织成员运用伦理的手段提高组织的能力,为公众提供有效的服务。"它要求其成员做到:

——提高组织的能力,激发成员的创造力和为组织献身的精神。

——对公共物品具有责任感。

——建立符合伦理的行为规则,这些行为要为个人和组织负责。

——为组织成员提供一种管理方式以应对不同境况,确定责任过程,制止报复性行为等。

——建立伦理规则以限制专横跋扈的随意行为。

——通过适当的程度与控制提高组织的责任。

——鼓励组织建立接纳、分配、定期检查等伦理准则,并将其作为组织的生活信条。

(四)依法和守法

合法是公共行政管理的重要道德理念。美国公共行政伦理中要求从业人员遵守宪法、地方法律、与法律有关的制度与规则、法律解释、为人们的基本权利而设定的合理程序等。中西方有许多学者都认为,法律是解决管理中两难问题的重要方法。所以美国要求公共行政管理从业人员通晓与职业

---

① 王正平:《当代美国行政伦理的理论与实践》,《伦理学研究》2003 年第 4 期,第 24 页。

有关的法律制度、支持与职业有关的法律监督、要求具有并遵守宪法以及相关法律中与职业有关的合法程序方面的知识等。

ASPA 伦理准则把"遵守宪法和法规"作为公共管理者的重要道德职责,要求其成员遵守、支持、学习政府的宪法和法规,以明确公共机构、公职人员的依法、守法责任。如理解和运用与职业角色相关的法律制度;消除非法歧视建立和保持强有力的财政和行政控制,支持审计和投资行为,防止对公共基金的滥用;完善宪法中关于平等、正义代理、答复的有关条例,以及建立保护公民权利的合法程序等。

(五)为公共利益服务

维护公众利益是美国所倡导的一种"民有价值观",也被看作是公共管理者最根本的道德职责。在美国的政治制度思想和公共管理理念中,他们把公共管理者看作是民主资本主义的维护者,保护公众的权利是政府工作的一部分;同时也把对这种理念和职责的贯彻,在政治领域内倡导"无私",以作为对掌权者过度的权力欲和有权的利益群体的制约因素。基于美国对行政伦理失范问题的深切体验和源远流长的行政权力制约思想,使之在行政伦理制度化时更加注重公共利益。特里·库柏指出"行政人员不是简单地为自我实现而工作,而是以增加公共福利的方式为公民服务,他们是公民利益的忠实代表,一切以公众的福利为重。就是说,不管是谁,只要你选择了公务员这一职业,就必须准备为公众利益而献身。"[①]

ASPA 伦理准则的第一部分开宗明义地指出"为公共利益服务",明示公共管理领域的公务员,"为公众服务高于为自身服务",它是光荣的。它要求其成员做到:

——运用公共权力促进公共利益。

——反对各种形式的对公众的歧视与伤害,提倡对公众的帮助行为。

——为了更好地从事公共事务管理,要认识与尊重公众的权利。

---

① 特里·库柏:《行政伦理学:实现行政责任的途径》,中国人民大学出版社 2001 年版,第 15 页。

——让公众参与政策的制定。

——用完整、清晰和容易理解的方式回答公众的问题。

——在公众与政府的关系中支持公众。

——准备处理那些公众不接受的决策。

二、美国行政伦理制度化实践的主要特点

由上，我们可以看出美国行政伦理制度化实践具有以下几个方面的特点：

（一）反应了美国政府和社会的现实需求

如前所述，水门事件是美国行政伦理建设的肇始事件。随后出台的一系列行政伦理法案以及在此后的每一项法案的完善过程中，都存在着深刻的社会背景。在此以《政府官员及其雇员的行政伦理行为准则》的出台背景为例进行说明。

自20世纪70年代以来，美国政府就一直面临着较为严峻的政治经济形势。越南战争进退两难的局面，就已经令美国公众失去了对政府领导人的信任。同时，由于经济上的"滞涨"现象，又导致了一系列问题的出现。到1982年，美国政府的财政赤字达到2000亿美元，到1992年，其累计联邦财政赤字已高达2.9万亿美元。在如此严峻的政治经济形势面前，美国公众不仅以抗税的实际行动来表示对政府的怀疑和否定，而且也从理论上对政府的行政价值与功能提出质疑，特别是公共选择理论、货币主义学派等经济理论对政府行政及其职能取向更是进行了系统的否定。20世纪80年代末，美国《时代》周刊在其封面上提出了一个严重的问题："政府死亡了吗？"表明美国公众对政府的信任一再降到创记录的最低点，政府面临严重的信任危机。正是在这样的背景下，建设一个廉洁的政府成为政府本身和广大公众的迫切现实需求，也是布什政府与克林顿政府换届之际共同面临的现实问题，为此，当时的克林顿政府开启了持续8年的"重塑政府运动"。《政府官员及其雇员的行政伦理行为准则》以及随后1992年颁布的《美国行政官员伦理指导标准》都一脉相承地加强了行政伦理制度化力度，约束公务员

和政府组织的行为,力图建设一个廉洁的政府。

(二)行政伦理职业标准不断完善

行政伦理法案根据美国国情变化、政府治理模式变迁和各种新的情况的出现,不断调整其内容。如1992年颁布的《美国行政官员伦理指导标准》,不仅包含了以往美国政府官员和雇员伦理规范的合理因素,而且重视公务员行使权利的公正性与合法性,把反对假公济私和腐败现象作为公共管理人员的重要道德责任,尤其把行政伦理制度化作为了建设廉洁政府的重要途径和方法。

(三)对公务员伦理(公务员可以做什么)进行了明确的规定

从美国行政伦理法案的发展来看和针对的主体的角度来看,其内容体系大致可以分为两个大的层次:一是公务员可以做什么;二是政府可以做什么。从内容本身的作用来看,主要是给公务员及其政府提供一种伦理制度标准。对于公务员可以做什么,是美国行政伦理制度化最早出现时就一直关注的重点,并在所有的法案中一以贯之。如1989年4月和1990年10月,布什总统两次签署行政命令,颁布《美国政府官员及雇员的行政伦理行为准则》。1992年,美国政府颁布了由政府伦理办公室制定的内容更为详细、操作性更强的《美国行政部门工作人员伦理行为准则》。

(四)重视政府伦理建设(政府组织可以做什么)

政府组织伦理也是美国行政伦理制度化关注的重点。其主要目的在于明确界定政府以及相关的类政府组织的行动准则,使政府在法律和伦理允许的范围内行动,并承担政府组织应负的责任。如克林顿和小布什总统都致力于加强国会的伦理道德标准。比尔·克林顿曾许诺打造"历史上最有道德伦理规范的政府"。小布什也要求建立新政府的伦理道德规范,要求员工"维持廉洁的最高标准",也提出特别条款,禁止将办公室当作私人获利的地方,"冻结"一切与公共职责相冲突的金钱利益,禁止任何歧视行动。新任总统奥巴马在就职演说中就宣布一个"负责任的新时代"即将来临,就任第一天,奥巴马宣布为其工作人员制定的伦理道德规范正式生效。[①]

第三节 中美行政伦理制度化实践启示

中国传统伦理与制度结合下产生的行政伦理制度化思想与西方意义上的行政伦理制度化思想最大的区别在于二者的逻辑起点不同。在西方制度经济学视野里,无论是制度安排,还是制度选择都是以制度分析为逻辑起点,但是在进行制度分析时又涉及制度的伦理层面。[②] 与西方国家相比,在中国传统社会历史中,制度安排和制度选择时更加注重伦理价值的合理性考量,甚至以伦理价值的合理性为基石,在制度设计构想之前去思考制度的合理性。因此,不同的伦理与制度关系的致思模式造就了德治与法治两种治理模式,前者强调了行政主体和行政行为的德本关怀,但却过于注重夸大了的心性价值而忽视了制度的确定性,导致制度沦为伦理道德的附庸;后者强调规则意识和制度的严肃性,但却过于依赖制度而忽视了制度的人本关怀,导致制度过于刚性。正因如此,现当代的中西方国家在不断的反思中寻求行政伦理与制度完美结合的路径,上述中西方行政伦理制度化实践对当代中国的行政伦理制度化建设具有重要的借鉴意义。

一、中国传统社会行政伦理制度化的启示

中国传统制度与伦理的衔接,在理论致思上体现出一个典型的特征,即是从伦理出发去寻找制度的合理性;在机制上,以礼制为载体,涵盖伦理与制度;在制度创建上,以德主刑辅为制度精神。因此它始终围绕着四大主题展开:以天人关系为衔接依据,以人性论为衔接基点,以内圣外王为衔接所要达到的理想,以德主刑辅为制度精神。这四大主题不断扩展、深化,成为一个完整的体系,形成了有中国传统特色的伦理与制度衔接机制。中国传

---

① 参见王正平:《当代美国行政伦理的理论与实践》,《伦理学研究》2003 年第 4 期,第 24 页。
② 高力主编:《公共伦理学》,高等教育出版社 2002 年版,第 89 页。

统社会的行政伦理制度化实践主要体现出以下几个方面的特点:①

（一）顺应特定的社会历史发展阶段特点构建伦理制度化体系

中国传统历史上特定的自给自足的农耕文化背景对伦理与制度衔接产生了重大的影响。以自然经济为主的传统农业社会,生产力发展主要依赖于天然条件,尤其在农耕文化的初期阶段,"天"或自然力量对于人类的活动有着重大影响。因此,认识自然,认识"天",与天时保持一致,对于人类的生活来说是至关重要的。这种社会观念和生产方式,从一开始便注定要影响人们的社会生活方式,所以"天人合一"、"天人协调"的观念出现在伦理与制度领域便不是偶然的。这种观念不仅使人们在伦理实践与制度致思时,产生对权威的景仰与服从感,而且使之容易把现实生活与神秘力量结合起来去求证,因而"天子""明君""贤臣"等既是道德评价领域,又是政治阶位的概念更容易为人们所接受。同时,"天人合一"作为传统伦理教化与制度治理的最高境界,它既可以成为封建治道的伦理与政治追求目标,又借助"天"这一非现实的载体,在理论上统一了伦理与制度,在现实中增大了伦理治国、"人治"的权威。

（二）伦理制度思想是封建皇朝的理想制度选择

中央集权的封建"家天下"皇朝求稳、求和而不求发展的惰性,是伦理向制度中渗透并以此为先的制度思想的上层原因。应该说,中国传统社会历经无数的战争与政变,也面临诸多的新的制度立法机遇,但由于这种变数,仅能让某个姓氏皇朝的政治连续性中断,而不能改变其统治实质,所以历朝更替总是在"家天下"的私利集团中易主。当皇权的权威和利益在建立之初时,累朝立国治政的经验和经典却不像亡国之君那样被抛弃,而成为了新立皇朝的制度立法理论源泉。这样的制度立法思想一方面符合传统的文化习惯和文化心理,使政权的权威易于建立,免去冒天下之大不韪之质疑的风险;另一方面,使新的统治者不必穷究变化之政,而降低了制度立法的

---

① 中国传统社会行政伦理制度化的五个特点,参见廖四华、廖炼忠:《论传统制度伦理的发展阶段及其社会历史基础》,《云南行政学院学报》2012 年第 1 期,第31—32 页。

成本。

传统公共职能性权力集团——皇帝、文官集团,满足于"家天下"的既得利益和皇朝表面上的统一,着眼于皇朝的团结与安定而不是发展,通过士集团作为媒介,引导全体民众朝向皇帝集中。士集团、文官集团以其严格的儒家经典教育传统,视文化上的凝聚一致为己任,是封建皇朝立法的理论和人才的来源。

这种以私利集团为主的封建皇朝,使之关注的焦点集于利益的稳固性,而非扩大整体利益。实际上,历朝的所谓明君和变法均脱离不了王权稳固这个核心,其实质仅是以皇帝为核心的利益集团的某种让利行为而已。所以,这种思想上的惰性,使其更易于承旧制——礼制立法的传统,经过一再的积淀、添加、整合,使伦理治国、伦理立法的思想更加完善,统治者也运用得更加得心应手,所以至宋明理学,伦理的现实低成本调节作用和超然的理想追求便被完美地融于制度立法和运作中,使宋以后的几百年间出现了前所未有的超稳定状态。

(三)伦理治国弥补了封建传统政府统治技术和财政能力的不足

事实上,中国古代中央集权的政治扩延能力往往是被夸大了的。实际上,皇权的实际控制只能达于县。[①] 而在自给自足的传统农业社会,由于地广人稀,生产力发展缓慢而不平衡,因而城市进程缓慢,农村人口和地区占绝大多数,而王权的纯制度性控制由于技术和财政的限制,在县以下除了编户征税外,很难有所作为。从而导致在政治等制度控制外还存在一大片空白,需要通过伦理训导的方式填补缺限。

为了寻求技术的简化和适应财政收入的现状,制度立法自然而然地走上了礼制训化的道路。这种伦理训导方式,比较节省资金,通过代际之间的言传身教和不厌其烦的道德说教,可以使相当一部分人变得循规蹈矩。虽然其时间耗费长,见效慢,但浸淫日久,一旦形成便"秉性难改"。同时,这种治国方式,对于节奏缓慢的农业社会来说,确实是一种消磨时间、填补精

---

① 李宝臣:《文化冲撞中的制度惯性》,中国城市出版社 2002 年版,第 47 页。

神空白的有效手段。

(四)伦理与制度结合具有坚实的政治合法性基础

传统伦理与制度结合作为制度运作方式,即以宗法关系为根柢、以安定团结为社会制度安排根据、以礼法合一为政治控制方式、以安定和谐为政治运作目的的政治操作过程,构成传统中国政治统治者的主流选择。但就实践的典范性与有效性而言,则以周公奠基、汉武定调、太宗推行、康熙践履的政治实践最为引人注目。[①] 这一线索,既体现了中国封建政权由萌芽至鼎盛的过程,同时也标志着中国传统政治理论由粗糙至成熟的历程。应该说,在传统中国社会中,伦理与制度的结合是统治者寻求政治安全、制度合法性的政治治理思路。从思维上,它虽然侧重于从伦理出发去构架制度设计模式,但在实践中,统治者关注的却是制度的政治控制效果。因此,从过程和结果上看,是具备了以下几方面的政治基础才得以使二者同构化的:一是统一的中央集权的国家的建立。在没有统一的中央集权的国家建立之前,伦理与制度结合理论由于缺少政治上的安全性,要么只是构想,要么有如诸子奔走各国,希冀采纳其治国模式;二是伦理与制度均已获得官方正统地位。为什么中国传统社会的伦理与制度结合,至汉武帝时才成形,其原因就在于儒家伦理随西汉中央集权的国家的建立,在政治上确认为了官方正统思想地位,这样伦理的"软化"调节与政治的强制"刚性"力量才得以互彰;三是在政治构想上,中国传统社会统治者和官方思想家致力于伦理与政治的线性结构,而西方则是三维的(宗教、伦理、政治)立体结构,从而导致中国传统社会在政治设计上,以伦理贯通一切;在政治运作结果上,成为臣民社会而非以权力具体分割与互相制衡来保证社会正常运转的公民社会。[②] 这样就为伦理与制度结合在制度上留下了伦理发挥作用的一大片空间。

(五)伦理与制度结合的人性假设

在理论意义上,真正贯通伦理与制度关涉的第一人——孔子,没有直接

---

① 任剑涛:《伦理政治研究》,中山大学出版社1996年版,第45页。
② 任剑涛:《伦理政治研究》,中山大学出版社1996年版,第48页。

论述人性的善与恶,但其仁礼结合的人格理想与社会理想结合的伦理与制度同化方式,给孟子、荀子留下了人性致思的余地。此后,从人性的善恶两端出发,孟子以性善论为基础,从伦理致思出发,去寻求扩充善性的制度,荀子则从政治规则的思考出发,去寻求制度规则的人生伦常。宋明理学,则更为巧妙地以"天""理""心"等非现实概念统治人性善恶,以"天地之性"和"气质之性"作为人性高下区分和教育的依据。总的来说,传统制度安排与设计基本上是建立在人性解释基石上的。用人性作为制度立法的出发点,反过来又用制度去呵护或矫正人性,这种致思,从一定意义上看到伦理与制度的属人性,力图从人出发去研究人的社会生活和政治生活,这是其可贵之处。但由于其对人性认识的片面性和抽象性,导致其走向伦理一端,而不能正确认识作为政治上层建筑的制度和属于社会意识形态的道德伦理的区别与联系。

二、美国行政伦理制度化的启示

以美国、加拿大等为代表的西方国家,为了适应市场经济的发展,政府在市场经济条件下的经济社会治理过程经历了较长时间,政府在各种利益矛盾和关系博弈中,形成了较为成熟的政府管理技术和方法,而且由于其较好的法制传统,制度化建设具有良好的文化习惯,所以在面临行政伦理失范问题时,制度创新和制度重新设计就成为了第一选择。西方国家的行政伦理制度化体现为法典化、权力制约化、制度具体化、机构独立化等方面鲜明的特点,是值得转型期中国借鉴的。

(一)确立行政伦理核心价值

确立行政伦理核心价值是西方许多国家通行的做法。美国行政伦理的核心价值包括个人价值、职业价值、组织价值、合法价值和公共利益价值等方面。加拿大行政伦理的核心价值是民主政治中立、专业、伦理公共利益、人本。看起来,加拿大的行政伦理核心价值内容不多,比较简洁,但是包含了公务活动中基本的价值关系。当前我国并没有形成真正明确的行政伦理核心价值观,需要在相关的行政伦理法规中进一步凝练并加以明确,我们认为核心价值观至少应包括公共利益至上、公正精神、责任意识等三个基本方面。

（二）建立了分工明确的政府行政伦理制约体系

从 20 世纪 50 年代开始,美国行政伦理制度化是基于现实的需要,最早的呼声来源于社会对政府治理模式改变的迫切要求,随后随着美国政府的强力介入,政府成为了行政伦理制度化的主体。美国行政伦理监督的政府主体主要有两大类:①一是负有对公共腐败行为进行调查和起诉功能的联邦刑事调查和起诉机构。主要有司法部刑事局公共诚实处(The Public Integrity Section of the Department of Justice)、美国检查官(American Attorneys)、联邦调查局(the Federal Bureau of Investigation, FBI)和独立检察官(Independent Counsels)。二是监督和制止腐败行为非刑事公共诚实机构,它们不具有对腐败行为进行调查和起诉的功能,其主要责任是为了避免利益冲突而审查联邦雇员和官员的财产情况,解释刑法和行政部门的公共诚实规则,确保联邦雇员和官员对它们的理解。它们有独立的地位,并成为许多公共伦理争论的最后仲裁者。非刑事公共诚实机构包括司法部律师办公室(the Office of Legal Council)、政府伦理办公室(the Office of Government Ethics OGE)、监察长办公室(Inspector General Offices)和白宫律师办公室(the Office of White House Counsel)等。总体来讲,美国的行政伦理制约机制建设秉承了其一贯的三权分立思想。

（三）注重行业协会的自律约束

美国不仅重视政府行政伦理制度化建设和约束机制建设,而且专业行业协会在行业专业伦理标准和准则上做了大量的工作,形成了较为完善的行业协会自律约束机制。

在美国,对公务员伦理有两个影响很大的协会,即美国的国际城市管理协会(The International City/County Management Association, ICMA)和美国公共行政协会(American Society for Public Administration, ASPA)。这两个协

---

① 参见韩莹莹:《当代美国联邦政府伦理管理探析》,《行政论坛》2009 年第 4 期,第 93 页。

会的成员基本上都是政府的高级官员和公共行政研究人员,虽然其制定的协会伦理规范在效力上不如国会和各级政府的伦理法案,但是对公务员伦理行为在专业领域具有普遍的影响功能,其强大的社会影响,使之成为公务人员和研究者以能参加这个行业性协会为荣,并以之作为尊重行业和组织、开展自我约束的体现。专业协会对伦理规范的制定说明,公务员伦理行为约束已经引起了美国政府管理以及相关的专业研究领域的高度关注,公务员伦理制度呈多层面的发展趋势。

(四)颁发并实行了系列伦理法案

为了保证行政人员的行为合乎道德规范,美国联邦政府在行政伦理制度化建设方面作了很多积极的探索,制定了一系列约束公务员伦理行为的伦理法案,这些伦理法案一般包括三种含义:它们经常包括对理想的表述,合乎理想的行为规则,以及在规则范围内的控制行为的手段。[①]

总的说来,美国公务员伦理法案通过不断修订,形成了比较完善的体系,历届政府都非常重视公务员伦理建设,这对伦理管理起到了积极的推动作用。影响较大的有《联邦检察官法》(Inspector General Act,1978)、《政府廉政法案》、《政府伦理法案》(Ethics in Government Act)、《政府范围伦理法》(The Government wide Ethics Act)、《伦理改革法》(Ethics Reform Act)等。这些法案具有三个作用:一是政府及其官员行动的指南,该做什么不该做什么很清楚;二是可以提高官员管理行为的伦理水平,树立公众对政府的信心;三是政府的决策者在研究如何处理利益冲突时的参照标准。

(五)建立了专门的行政伦理管理机构

从20世纪70年代以来,美国、加拿大从联邦政府到省(州)政府,基本上都建立了行政伦理管理机构。如:联邦政府的利益冲突和伦理协调委员会办公室。在省级(州)政府也建立了行政伦理管理机构。而我国,一直没有建立起专业行政伦理组织机构,虽然在行政伦理管理实践中,一些廉政建设和腐败治理的相关机构承担了行政伦理组织的功能,发挥了行政伦理管

---

① Coopertl. Handbook of Administrative Ethics[M]. NY:Marcel Dekker,Inc. 2000:311.

理机构的作用,但是始终不能做到专业化、集中化和系统化的管理,难以形成更有效的伦理管理合力。

总体来讲,西方国家的行政伦理制度化更加讲究解决社会问题和政府治理缺陷的实效性。并且由于西方国家在制度与伦理的关系上,更加注重法制化和制度化建设,所以西方国家的行政伦理制度化价值明确、机构设置有针对性、行政伦理法制化取向明显、制约机制建设较为完善、制度化条款具体而具有相应的确定性后果、重视行政伦理建设的内外部控制机制建设,所以与现代政府治理理念紧密契合,实际效果较好。

第四章 当代中国行政伦理制度化界限

　　行政伦理制度化的界限既是一个行政哲学问题,也是一个具有重要现实意义的公共行政伦理管理实际问题。前者指行政伦理向行政制度转换的内在联系、学理基础和内涵差异,后者着重研究行政伦理向行政制度转换的原则和操作界限。公共行政学家罗伯特·达尔在《行政学的三个问题》中讲道:"从某一个国家的行政环境归纳出来的概论,不能够立刻予以普遍化,或被应用到另一个不同环境的行政管理上去。一个理论是否适用于另一个不同的场合,必须先把另一个特殊场合加以研究之后才可以判定"。的确,当代中国的行政伦理制度化在遵循一般行政管理理论和管理规律的同时,必须按照建设中国特色的社会主义的要求,立足于对中国特殊行政生态的了解的基础上,探索具有中国特色的公共行政体制及公共管理模式。因此,当代中国的行政伦理制度化必须考虑理论与实际两个大的维度,前者是一般性的理论基础,后者指向特殊性的可操作层面。

第一节　当代中国行政伦理制度化的属性边界

　　制度与德性是行政伦理制度化跨越的两个领域,其实质是行政伦理制度化在制度安排中体现的价值视野,以及在人的自由、社会发展过程中体现的对制度的依赖性。社会转型期的当代中国,正处于对制度的急切需求期和对人的行为失范治理的迫切期,制度冲突、价值冲突、行为失范的本质是社会无序,而社会秩序的重建有赖于社会制度的建立和伦理道德的支持。行政伦理制度化通过制度创新建立新的制度,又强调行政制度安排中的伦理价值和行政主体的伦理建设,其基本属性边界是制度安排和德性培育相结合的制度创新。

一、介于制度安排和德性培育之间的行政伦理制度建设

行政伦理制度化包含两方面内容,即行政制度伦理与行政伦理制度。行政制度伦理,是行政价值观的重要体现,是由行政制度、体制、结构、程序等行政构件体现出来的,行政制度中的伦理体现为行政构件正当、合理与否的伦理评价;行政制度化的伦理则体现为行政构件本身包含的伦理要求、道德原则及伦理制度。从本质上说,行政伦理制度化所包含的两个方面,是行政伦理建设的两个基本向度,它反应的是制度安排和德性培育中制度和伦理的作用,行政伦理制度化产生的行政伦理制度正好联结了二者之间的关系,使制度安排和德性培育兼顾,发挥了重要的作用。

(一)行政伦理制度化通过强调制度伦理化来加强制度设计的合理性。行政制度伦理化要求在行政构件的设计以及制度安排和体制设置中,彰显其正当性和合理性,力求体现对公平、民主、共同利益等价值的追求,以保障公民权利的充分实现为旨归,从而指引行政主体作出正确的价值选择。在行政改革、制度设计、体制转型的过程中,要充分体现伦理道德的因素,使制度体制包含道德化的内容,从而为行政主体的德性成长提供充分的空间。因此,行政伦理制度化不仅强调伦理规范的制度化和法律化,并成为制度安排的一个方面,同时也强调行政制度的伦理化,使行政制度的伦理功能体现于制度本身所蕴含的伦理精神,把伦理评价引入行政制度合理与否的评价体系,"用属于评价制度的价值标准来评价制度"[①],彰显制度设计的伦理理念,而不仅仅是其强制性。

(二)行政伦理制度化强调通过伦理制度化来加强行政主体的德性修养。通过行政主体及其行为的道德化影响整个治理体系中的全部成员,实现一切人的道德化。同时,通过这一过程,建设良好的职业道德、个人美德

---

① 施惠玲:《制度伦理研究论纲》,北京师范大学出版社 2003 年版,第 193 页。

和社会公德生成环境,满足当代社会对行政伦理关系的需求。

德性在本质上是养成的,它源于主体内在的道德需要。道德修养的提出不仅意味着道德的自觉性与能动性,而且是行政人德性培育的主要乃至根本途径。① 德性修养的主要途径通常有两个:一是道德教育,二是道德修养。行政伦理制度化主张加强行政伦理教育,不仅对行政伦理教育的内容、方式、途径等方面进一步提高其针对性和实效性,而且主张对行政伦理教育的机制体系制度化,以确保行政伦理教育的科学性和合理性;同时,行政伦理制度化通过制度化的伦理责任机制和体系构建,把伦理责任制度化,提高行政主体违反伦理责任的成本,通过外部强制力和内在自律来加强德性修养。其目的在于通过伦理的制度安排,明确行政主体行为的限度,加强对"恶"的抑制的同时,通过培养行政主体科学的道德理性、良好的道德情感、坚定的道德意志及高尚的道德信仰,激发其内在的道德需求。②

二、制度安排视角下的行政伦理制度化

制度安排是社会管理组织根据社会发展要求,遵循一定的理性原则,通过制度设计、创新和选择等手段,来有效维护社会公平、正义和秩序的活动。任何制度都是一种规则或规范的安排,一种人类的理性选择。从制度和德性的关系来看,制度安排是行政伦理建设的基础和前提,但制度伦理功能的实现离不开行政主体德性的支撑。行政主体的德性培育是行政伦理建设的终极目标,但行政主体德性的养成亦离不开一定的制度环境。在制度安排的视角来看,行政伦理制度化创建新的制度,是制度理性和伦理价值兼具的理性选择。

博登海默曾指出:"那些被视为是社会交往的基本而必要的道德正义原则,在一切社会中都被赋予了具有强大力量的强制性质。这些道德原则的

---

① 冯春芳:《行政伦理建设:在制度安排与德性培育之间》,《盐城师范学院学报(人文社会科学版)》2006 年 8 月,第 87 页。

② 参见冯春芳:《行政伦理建设:在制度安排与德性培育之间》,《盐城师范学院学报(人文社会科学版)》2006 年 8 月,第 88 页。

约束力的增强,是通过将它们转化为法律规则来实现的。"①行政伦理制度化的功效正好印证和实践了博登海默的这一观点。行政伦理制度化创建新的伦理制度的同时,考量制度本身所应该具有的伦理合理性,具有伦理评价标准创建的功能。所以,在行政改革、制度设计、体制转型的过程中,行政伦理制度化强调要充分体现道德的因素,使制度体制包含道德化的内容,从而为行政人的德性成长提供充分的空间。

以往我们对制度的认识过于重视其刚性的一面,在制度设计的过程中专注于伦理规范制度转换的技术层面和制度刚性力量,这诚然是行政伦理制度化应该重点考虑的一个方面。但是,在制度设计和安排的过程中,行政伦理制度化的过程为制度安排注入了伦理价值目标和伦理精神理念,行政伦理制度化所产生的伦理制度使制度设计和安排在实际效果上有机结合了制度和伦理的特点,弥补了二者的不足,既彰显了制度的约束力,又体现了制度的伦理关怀。

三、德性培育视角下的行政伦理制度化

马克思主义经典作家在谈论道德时,总是将个人当作处于各种社会关系、社会制度约束之中的社会人,认为个人道德受范围更大、影响更广的社会伦理的制约,而社会伦理则以社会基本制度和具体制度的道德性为核心。② 由于政府公务员特殊的职业要求,使行政伦理成为广泛关注的焦点,所以公务员的德性培育较之其他的行业职业伦理更需要切实可行的措施来予以强化。在行政领域所发生的一切失范行为,包括腐败、权力寻租等,究其原因,无非是两个方面的问题:一是行政主体道德素质低下,缺乏坚定的自律机制;二是制度不完善,存在制度缺憾和体制漏洞。行政伦理制度化正好弥合两者之间的需求,体现了制度与道德之间的互补关系。这种互补关

---

① 博登海默:《法理学——法哲学及其方法》,华夏出版社 1987 年版,第 361 页。
② 施惠玲:《制度伦理研究论纲》,北京师范大学出版社 2003 年版,第 39 页。

系体现在三个方面：①

（一）行政伦理制度化是行政伦理寻求制度集体理性的实践。中国传统的政治道德，多提倡"慎独"，注重个人道德修养，因此，在社会实践中，总是表现出一种偶然性和个体性的"青天"形象，究其深层次的原因，制度的缺失，导致行政主体的道德素养和执政能力，缺乏稳定性、普遍性和确定性。行政伦理制度化建立在伦理与制度相通的基础上去构建伦理制度和制度伦理，去寻求一种依赖于制度规约产生的具有普遍性的善。通过制度化途径，把社会需求转化为"集体理性"，在制度的支撑下，行政伦理才真正具有集体的善。所以，卡尔·波普尔说："我们渴望得到好的统治者，但历史的经验向我们表明，我们不可能找到这样的人。正因为这样，设计甚至使坏的统治者也不会造成太大损失的制度是十分重要的。"②

（二）行政伦理制度化有助于形成统一的职业道德标准。转型期的中国，行政伦理随着行政管理职能的转化也正在调整，新的行政规范体系正在形成中，加上我国在相当长的一段时间内，各个行业都高度政治化，缺少公共伦理规范约束，在这种情况下，要适应社会转型和政府转型，依靠个体的自我探索和自觉学习，过程太长，成本太高，见效太慢，行政伦理制度化把最基本的职业伦理规范制度化、文明化和强制化，使之无论在内容和层次上都能为从业人员所掌握，成为制度性的伦理规范，成为一种集体理性，使行政伦理变得更加具有现实性和操作性。

（三）行政伦理制度化加强了主导价值引导作用。具有制度强制力的行政制度伦理本身就是价值导向，"制度是本体性道德，他对社会成员行为的约束是一种源头约束"，③在转型期社会，行政伦理价值和行政道德观念不能长时间存在价值多元、观念多元的转型，行政制度伦理成为一种"主导

---

① 这三个互补关系参考了周奋进关于制度与行政道德互补关系的有关论述，他从制度的集体理性、制度的确定性、制度的稳定性、制度的强制性四个方面进行了论述。参见周奋进：《转型期的行政伦理》，中国审计出版社2000年版，第207页。

② 卡尔·波普尔：《猜想与反驳》，上海译文出版社1986年版，第491页。

③ 郑晓英、汪肖良：《体制伦理略析》，《毛泽东邓小平伦理研究》1998年第2期。转引自周奋进：《转型期的行政伦理》，中国审计出版社2000年版，第207页。

价值取向",能够从源头上约束行政主体的价值选择和行为动机。同时,行政伦理制度化会形成稳定性的制度结构,对行政主体行为具有普遍性的约束作用,会稳定行政主体的行政行为,有助于职业道德的养成。

介于制度安排和德性培育之间的行政伦理制度化,需要兼顾和考虑制度与德性二者的特点,其制度化所产生的伦理制度必须符合制度的要求,同时又要体现伦理的本质。因此,讨论行政伦理制度化必须在制度和伦理之间寻求合理的张力和支点。

第二节 当代中国行政伦理制度化的学理界限

一般认为,伦理学体系由元伦理学、规范伦理学和美德伦理学三大体系构成。元伦理学主要通过研究"是与应该"的关系而提出确立道德价值判断之真理和制定优良的道德规范之方法。规范伦理学主要通过社会制定道德的目的,从人的行为事实如何的客观本性中推导、制定出人的行为应该有如何的优良道德规范,是关于优良道德规范制定过程的伦理学。美德伦理学主要研究优良道德如何由社会的外在规范转化为个人内在美德,从而使优良道德得到实现的途径,是关于优良道德实现途径的伦理学。由此可以看出,现代伦理学的三大体系是基于不同的研究方法和功能目标指向产生的不同伦理层次结构的解析,与公共行政关联起来,我们可以按照这三个体系,分为元行政伦理、规范行政伦理和美德行政伦理等三大行政伦理类别,并由此出发,来界定行政伦理制度化的学理界限。

一、价值边界

元伦理层次涉及到行政伦理中最基本的概念和原理,可以称为元行政伦理。元伦理在人的道德体系中和社会伦理层次中,属于价值基础和前提的地位。用"现代伦理学之父"——摩尔的观点来看,是属于关于知识的科学元伦理学。因此,元行政伦理是行政伦理中用来确立和表达公共行政基本价值的部分,其表现形式一般是高度概括、具有丰富内涵的系列概念体系,是抽离了一切有关具体行政行为内容的行政价值判断。由此可见,元行政伦理是有关行政价值定位的伦理范畴。

重新谈论现代公共行政的价值问题其实是在对传统官僚行政体制的反思基础上产生的。官僚制体系是一个纯粹的科学、技术性体系,所体现的是与近代资本主义一道成长起来的工具性理性原则,并以科学和技术的名义,将道德价值从公共行政领域中彻底剔除出去。① 因此,官僚制行政追求的是以效率为导向的工具合理性,并把道德价值归于行政研究领域之外,成为只具有形式合理性的体系。在传统公共行政中,效率成为行政存在的主要理由和价值标准。正如张康之先生所说的:"官僚制成了一个纯粹的技术体系,人在这之中成了无关紧要的因素,而近代以来哲人们所有关于人的主体性的人文思考都被消解殆尽。"②

由此可见,行政管理的基础价值应该既包括技术性和科学性的工具性基础价值,也应该具有价值追求的价值理性的内容。前者以效率为目标,后者以公平为追求。元行政伦理对于行政管理而言,在其制度化的过程中,就是把"价值"与"德性"领域的公平价值观作为公共行政基础价值的重要组成部分。

对于社会转型期的当代中国而言,政府公共行政一方面要学习其他国家具有普适性的、先进的公共行政技术和管理方法;另一方面又要确定新的价值取向,在扬弃传统的"官僚制行政"的基础上,构建一套现实、完整、合理的行政伦理价值体系。元行政伦理所代表的基础性价值体系,表现为从一系列公共行政行为中提炼出来的价值概念,他可以泛化为一系列相关的价值行为,与具体的行政行为相关切,又不是具体的行政过程的表述和行为规范标准,这是行政伦理制度化过程中基础价值制度化的第一个边界;此外,价值总是与社会文化传统、政府与特定社会的阶段性关系特征和政府行政目标等元素紧密相连,这是其制度化的个性边界。由此可以推断出当代

---

① 参见张康之:《超越官僚制:行政改革的方向》,《求索》2001 年第 3 期,第 33 页。
② 张康之:《寻找公共行政的伦理视角》,中国人民大学出版社 2002 年版,第 205 页。

中国行政伦理所追求的基础价值应该从以下三个方面进一步予以制度化,并切实成为当代中国公共行政的价值目标。

(一)公共利益至上。历经三十多年的市场经济改革,原有的均平化整体性利益格局被彻底打破,利益观念多元化、利益主体多元化、利益结构分化和利益矛盾凸显成为当前中国社会的阶段性特征。我们常说的"为人民服务"、"做人民的公仆",其实是对公共利益至上这一概念所做的有中国特色的诠释。将这一原则作为行政伦理制度化的基本原则,不在于其可数量化,而是作为行政人的一种精神信仰和追求,进入行政人的主观责任意识,进入行政人的实践理性,从而成为指导行政行为的内在动力。① 这是一种指导性目标,为作为公共行政主体的政府和公务员提供一种行政实践中的价值优先原则。正如弗莱斯曼曾反复强调的,公共利益不是个体的判断,而是一个我们可以用来规范公共政策伦理取向的十分有用的概念。

(二)公正精神。公共行政的"公共性"性质,决定了现代政府的主要职责就是维护和实现社会公平、公正,这是公共行政应然性价值目标。当前政府行政责任缺失,行政职能交叉,行政制度乏力,行政主体具有不可避免的自利性,行政权力成为获取私立的工具,这些都无疑是导致使政府行政能力不足、社会不公正现象存在的原因。行政伦理应当从制度伦理、政策伦理、职业伦理、行为伦理等各方面入手构建,充分维护公平、公正这一根本价值取向。

(三)责任意识。责任既是一个伦理概念,也是一个法律概念,在公共行政管理领域中强调责任,是因为行政主体所拥有的权利和义务并由此而产生的必须承担的责任。当代中国要建设服务型政府,更要建设负责任的政府,人们需要高效率的行政,希望政府不只是资源的消费者,是资源的分配者——期望政府对稀缺的资源进行相对公平的分配。但更重要的是希望政府是责任的政府。"为公民提供服务"并非空洞的口号,在公共行政实践中,它意味着政府除了承担政治责任、法律责任之外,还要履行一定社会的

---

① 刘洋:《行政伦理的价值探析》,《法制与社会》2007 年 7 月,第 176 页。

行政道德义务,承担道德责任,这种责任是渗透于行政权力和法律作用范围之中的主观意识到的责任和义务,也包括在公共行政活动中那些缺乏法律明文规定的责任和义务。①

二、规范边界

规范伦理学是研究人本身应遵从何种道德标准,才能使其行为达到道德上的善的科学。规范伦理学通常被区分为两个不同的部分:一般规范伦理学和应用规范伦理学。前者研究人类行为的合理性原则,主要是对诸如何种性质为善、何种选择为正确、何种行为是应受谴责的等最一般的问题进行批判性研究;后者研究具体的道德问题,试图用关于道德的一般原则来解释和说明面对具体道德问题时所应采取的正确立场。简单地说,规范伦理学是关于优良道德规范制定的科学。按照这一逻辑关系推演,规范行政伦理学应该是研究行政主体何种行为为善,依据何种规范标准来处理行政问题的科学。在行政伦理制度化的实际操作时,伦理规范如何转换为具有针对性和可操作性的制度性行为准则,是行政伦理制度化关注的重点。同时,缺少切实可行的行政伦理准则也是当前中国行政伦理失范的重要原因。由此,行政伦理制度化在规范转换上应该有三个基本界限。

(一)主要指向行为规范。在行政伦理制度化的过程中,规范行政伦理提供了行为规范的研究方法,只有对人的行为具有基本约束的伦理规范才是行政伦理制度化考虑的重点,才能成为通过伦理制度化后真正指向人的行为的制度。

(二)重结果。从伦理学家对道德本质所持的看法来看,规范伦理学又被区分为两种不同的理论:目的论伦理学和非目的论伦理学。前者坚持一种行为是否道德,受该行为的结果决定,在这个意义上,目的论伦理学又称为结果论伦理学;后者则坚持一种行为是否道德,受其结果以外的东西决

---

① 朱歌幸:《行政伦理及其价值原则》,《求索》2005 年第 1 期,第 127 页。

定,所以非目的论伦理学又称为非结果论伦理学。① 一般认为,在伦理学研究领域中,行政伦理学是必须研究行政主体的动机,否则一切歪打正着的行为也可能成为善行。但是,制度关注结果,以行为所产生的结果和影响作为评价的主要因素,因此,规范转换作为行政伦理制度化的重点,需要在伦理研究和制度研究中寻找共同点,那就是一切可能造成不好后果的行为都需要约束,是客观存在的行为关系,而非主观意识方面的伦理规范。因此,从行政伦理到行政伦理制度,要注重能够清晰表达后果的伦理规范转换。

(三)行为标准。在形式和后果上,伦理规范与制度的区别有两个:一是约束力不一样。与伦理相比,制度的后果是强制性和普遍性的,一切人都必须承担;二是形式不一样。与制度相比,伦理规范更加注重倡导,鼓励从正面进行引导,而制度更注重后果,对违反规范的后果具有明确的后果承担表述,是明确的惩罚。因此,行政伦理制度化中的伦理规范转换,要从基本的行为伦理规范概括出发,上升为形式与实质皆具有合理性的制度。

三、德性边界

从美德伦理学与规范伦理学的区别来看,二者具有完全相同的研究对象,而研究中心是不同的:规范伦理学以"我应该做什么"为中心;美德伦理以"我应该是什么样的人"为中心:"对于美德伦理学来说,中心的问题不是'我应该做什么?',而是'我应该是什么人?'"②更确切些说,二者的根本区别在于究竟以道德、规范和行为还是以品德、美德和行为者为中心。规范伦理学是以道德、规范和行为为中心的伦理学;美德伦理学则是以品德、美德和行为者为中心的伦理学。③ 顺延而下,美德行政伦理研究应该成为一个什么样的"官"或者"公务员"的问题,其核心是更加重视人的德性。

美德伦理在我国具有悠久的历史和深厚的文化传统基础,官德的重要

---

① 《规范伦理学简述》,医学教育网,2014 年 2 月 24 日。

② Mark Timmons ,Conduct and Character ,Belmont, Caliofornia wadsworth Publishing Company, p. 240.

③ 王海明:《美德伦理学是什么?》,《白城师范高等专科学校学报》2001 年第 2 期,第 3 页。

性以及对个体道德养成的研究恐怕没有哪一个国家有如此繁密的理论体系和独到的个性养成方法体系,在传统中国的行政文化中,廉洁始终是极为重要官吏选拔标准和政绩衡量标准,对"清官"文化给与了极大的关注,其注重个人心性修养和道德教育的经验是值得继承和发扬的,但是传统官德培育过于强调个体的作用和一般社会环境的作用,而没有从制度对人的心性养成的重要性方面进行深刻研究,所以,传统中国社会的官德始终具有很大的不确定性。

当代中国的行政伦理制度化并不排斥价值和德性,相反行政伦理制度化最大的优点就在于价值、美德和行为责任的相统一。行政伦理制度化对于有优秀官德传统文化的中国而言,提供了制度支撑路径,它更加注重具有共性的基本伦理规范的制度化,给纯粹的"个体理性"提供了成为"群体理性"的制度环境,同时行政伦理制度化的目的也并不是培养不食人间烟火的清官,其制度化的目的既是为行政主体提供行为标准,也保障行政主体合理正当的权益追求,避免了由于个人道德层次的差异造成的道德拔高。

可见,元伦理可以用来研究公共伦理的概念和原理的精确含义;规范伦理用以制定公共管理工作行动指导;美德伦理可以使公共政策执行者提高思想道德素质,使公共伦理落实下去。[①] 在当代中国的行政伦理制度化中,对伦理层次和伦理结构的作用分析,有助于根据其功能定位和现实需求,来科学界定其逻辑界限。

第三节 当代中国行政伦理制度化的实践界限

行政伦理制度化除了要秉承伦理与制度之间一般的学理界限以外,更为重要的是行政伦理向制度转化过程中的国情适应原则和可操作性原则。前者主要考虑国家的政治文化、行政文化和伦理文化的一致性,同时又要考

---

① 如鹭:《行政伦理法制化的界限及可能性证成》,《北京行政学院学报》2009 年第 2 期,第 14 页。

虑当前社会发展历史阶段特征、社会治理模式和政府管理机制的特点;后者是指行政伦理制度化后形成的制度伦理的可接受度和可执行度,是实质合理性和形式合理性的共同体。

一、行政伦理制度化的两个维度

行政伦理制度化的内外两个维度在行政主体的角度指的是主体自律和外部他律,在制度设计的角度,指的是伦理制度的内部控制和外部控制。

(一)内部控制维度

具有现代意义的政府是现代行政管理产生的前提。严格意义上说,在我国,真正体现现代政府治理架构、治理模式以及治理理念的政府肇始于改革开放以后,它是市场经济发展背景下,政治与行政、政府与社会关系调适的结果,因此真正具有现代意义的公共行政职业是与之共同发展的一个成长性职业。党的十八届三中全会指出:"完善和发展中国特色社会主义制度,推进国家治理体系和治理能力现代化",治理理论是一种全新的政治分析框架,是对传统理论的超越和发展。从政府改革和发展过程来看,建设服务型政府和负责任的政府模式是当代中国政府的建设目标。在这一发展和建设进程中,发展的政府和发展的职业规范体系同步展开,也就意味着公共行政的职业理念、职业要求和职业标准的不断形成。行政伦理制度化正是加速这一过程的重要举措,我们可以从内部控制的角度对其实践界限作两个方面的界定。

一是从行政伦理向行政制度转化,其首先的起点界限必须是行政职业伦理的范畴,从其功用上而言,是通过伦理制度化强化一些行政职业伦理规范,加强职业的制度性约束和职业道德教育,也就是我们常说的内部控制。

二是行政伦理制度化必须要有利于稳定行政职业关系。从行政主体的角度出发,行政职业关系可以分为行政职业内部关系和外部关系两个方面。行政职业内部关系主要是指行政主体之间基于共同职业环境所形成的工作关系和个体认同关系;行政职业外部关系是指行政主体基于职业角色面向社会(包括家庭在内)所应承担的责任关系。两者的实质就是行政人员必须廉洁奉公、忠于职守,运用行政权力为公众服务,是合理的权利和义务关系。行政伦理制度化,通过伦理和制度结合、他律和自律相结合的方式来约束行政主体,培养行政主体德性和责任感,使之在共同的价值指引下和共同的制度规约下,促进行政管理的顺利进行,促进社会的公平正义。

(二)外部控制维度

特里·L.库珀在其《行政伦理学:实现行政责任的途径》一书中提出"伦理自主性",他认为这种伦理自主性在某种程度上有利于个体产生抵制政府腐败的良知。[①] 这是一种基于伦理自律基础上、沉淀在主体内心、已经成为伦理品质的自我约束力,也就是内部控制。但是当代中国正处在从传统到现代的社会转型时期,在政府管理上正处在从管理型行政向服务型行政过渡的时期,行政主体的行政理念和行政思想也正处于碰撞与转变时期。[②] 在这种情况下,行政主体的行政品格形成正处于"他律—自律—品格"的转化期,仅靠主体自律是无法促进这种转化的,还需要更多的以制度为强制力的外部环境和外部压力来强制性塑造行政伦理品格,因此,行政伦理制度化一方面是适应当代中国社会转型和政府转型的需要,另一方面行政伦理制度化形成的伦理制度,把伦理要求作为一种习惯、规则被固定下来,发挥其强制性的约束力与激励功能,营造良好的外部控制环境,促进行政人员的廉洁自律和政府依法行政。

二、行政伦理制度化的主要原则

行政伦理制度化的内外两个维度揭示了在行政伦理由他律向自律逐渐内化过程中,行政伦理与行政制度相互作用,但是作为行政制度创新的方法和行政管理的方法创新,这就会涉及到一些具体的操作性原则,对行政伦理制度化具有具体的指导性。

---

① 特里·L.库珀:《行政伦理学:实现行政责任的途径(第四版)》,张秀琴译,中国人民大学出版社 2001 年版,第 15 页。

② 于凯:《浅议行政伦理制度化的限度及其方式》,《山东行政学院山东省经济管理干部学院学报》2008 年第 4 期,第 13 页。

（一）底线原则

按照伦理的功能等级划分，一般在伦理主体中存在三个架构层次的伦理结构，同理顺推，行政伦理从职业伦理的角度，在行政主体中也存在三个类似的层次。（如图1所示）

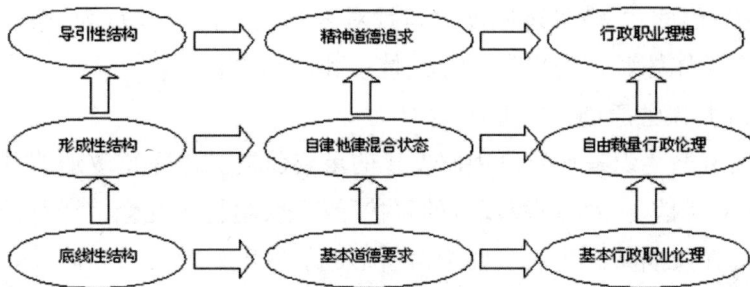

行政主体伦理结构示意图（图1）

从制度与伦理的价值等次和规则约束力来看，制度仅包括了伦理道德的基本层次，即底线道德。在行政伦理制度化过程中，由上图可以看出，行政伦理与伦理一样在不同的约束功能作用下所形成的三个大的结构层次中，可供制度化的是行政伦理的基本职业工作要求范畴。由此可见，构成底线的制度化行政伦理由两个要件规定：一是具有普遍性和对工作具有重要影响的底线伦理规范；二是行政主体能做到、要求做到的行为标准。当然，制度化对道德的底线要求，是一个历史的动态发展变化过程，因不同社会的秩序要求程度和社会成员的觉悟水平而各异。因此，能够成为制度的行政伦理要求，必须是行政主体基本的行为准则，且是行政主体所能承受的行为能力限度之内。

（二）客观性原则①

行政伦理制度化的客观性原则涉及两个层面：行为和心性。制度约束行为，以行为合乎规则作为最基本的判断，并且制度中所规定的行为是客观

---

① 参见如鹭：《行政伦理法制化的界限及可能性证成》，《北京行政学院学报》2009年第2期，第14页。

存在，且具有普遍性、可描述性和可预测性的行为方式。但是伦理不仅涉及行为，而且追求动机与行为结果的一致性，是心性修养和行为结果的合一。心性的修养归属道德，那些体现较高精神追求的道德要求是逾越人类基本秩序需要的自为行为，仅是部分人的道德欲求，不具普遍性，因此不能加以制度化。① 因此，行政伦理制度化是针对客观存在的行政行为，而非个体性的和具有主体体验性的思想、观念、情感和信仰等领域。

（三）共识性原则

行政道德共识是行政伦理制度化的重要前提。遵守行政道德共识的原则，实际上就是要考察道德规范的可接受程度，是特定社会生活背景下行政职业群体在长期共同生活实践中对所形成的客观职业关系和职业要求的认可度。道德共识属于客观性道德，是一定社会或集团在长期共同生活实践中，基于特定的社会生活条件自发形成的。② 制度化的行政伦理对全体从业人员和行政组织具有强制性性约束力，在形式上已经成为相应强制性机关认可的制度、条例、规定或法规，成为了对人的行为具有通约性的约束准则，其后果也由违背伦理道德受到社会谴责变为各种规定的处罚。在现实生活中，由于道德个体在道德观念、道德信仰和道德认知等方面的差异性，道德共识与个体道德差异和各种小集体"共识"并存，如果行政伦理制度化指向具有个体性质和小集团性质的主观化、局部化道德要求，则行政伦理制度极有可能丧失其存在的合理性基础。

（四）权责一致原则

简单而言，当代中国行政伦理制度化是为了解决行政伦理失范、权力失范和政府腐败的现实问题。其中最有代表性的行为失范就是行政主体利用公共权力寻租，漠视行政权力和行政责任之间必然联系所产生的权力腐败。

---

① 王淑芹认为：心性的修养归属道德，法律只对那些具有普遍性的可描述和可预测的行为方式加以规定，而那些体现较高精神追求的道德要求是逾越人类基本秩序需要的自为行为，仅是部分人的道德欲求，不具普遍性，因此不能加以法律化。参见王淑芹：《道德法律正当性的法哲学分析》，《哲学动态》2007年第9期，第89页。

② 程秀波：《道德法律化的根据与界限》，《河南师范大学学报》2005年第4期，第66页。

这些失范现象的产生,固然有行政主体本身的问题,但是制度设计缺陷也是不可回避的重要原因。由于社会经济条件的变化,行政权力和行政管理行为需要涉及的范围日趋广泛,有些原属于伦理道德调节范畴的行为已经成为可以牟利的权力漏洞。由于制度设计和创新没有及时到位,使行政主体缺乏相应的制度约束,使权力脱离相应的责任后果,制度缺失导致政府社会治理体系的不健全和政府治理能力的降低,因此行政伦理制度化的权责一致原则就是要考察行政伦理中具有重要影响和现实作用的伦理规范的基础上,按照权利和责任的一致性来进行制度化。行政伦理制度化致力于解决现实中公共行政权力和责任出现的一定程度的悖离,因此,行政伦理制度化应主要涉及公务员掌握的公共权力与其应履行的公共责任相关的内容,是提高行政主体履行公共责任和行政管理能力的有效途径,也是当前建设服务型政府,提高政府社会治理能力和实现社会治理体系现代化的重要内容。

三、行政伦理制度化的操作边界

在行政伦理制度化的过程中,会面临着一个更重要的问题,即哪些行政伦理是可以制度化的? 也就是制度化的边界问题。解决这个问题的关键在于确定何种类型和性质的行政伦理规范可以制度化。结合上述行政伦理制度化的内外两个维度、理论边界、四个基本原则,来探讨行政伦理制度化的实际操作边界。

(一)行政伦理制度化不是过度制度化

行政伦理制度化首先要处理好的第一个重要边界就是整体性的度的问题。如前所述,行政伦理制度化有着充分的学理依据和很强的现实需求,但是,行政伦理制度化不是行政伦理过度制度化。在传统中国社会历史上,以礼制为核心的伦理治国方式采用的基本上是制度对伦理道德的全面专政,使伦理道德完全制度化和工具化,一方面使道德失去独立自存的价值与地位,另一方面则使法律仅仅成为道德的附庸或服务于道德的工具。[1] 如前

---

[1] 程秀波:《道德法律化的根据与界限》,《河南师范大学学报》2005年第4期,第67页。

所述,中国封建社会,以礼制为载体,以伦理致思为制度创建方法,使大量属于公共生活范畴的伦理关系和伦理规范被制度化,导致中国传统社会公私两无的社会格局,使法律、社会制度沦为伦理的附庸,人治成为社会治理的基本手段。这也是为什么有人质疑行政伦理制度化的原因之一。当代中国是法治社会,行政伦理制度化只是行政制度和社会制度创建的方法之一,其主要目的是根据当前中国社会发展的实际需要,对社会制度和社会治理方式的有益补充,并不是要取代制度,也并非否认制度。何种伦理道德能够成为制度,以及何种伦理制度需要退出制度,既是历史发展的需要,也是一个动态变化的过程。纯粹的伦理问题和需要依靠制度解决的伦理问题是动态发展和不断变化的社会需求问题,因此,行政伦理制度化不是过度制度化,而是基于现实需要的制度化。

(二)行政伦理制度化是基于行政职业基本关系的伦理制度化

伦理和制度一样调整和规范的是一种社会关系和利益关系。行政伦理和行政制度是以行政组织和行政人员为特定群体,以行政职业关系为特定社会关系的制度化。行政职业伦理是行政主体(包括公务员和行政组织)在长期共同生活实践中,基于特定的社会生活条件自生自发所形成的道德共识,并最终生成客观化的社会道德。是调整行政主体与社会、行政主体之间以及政府与个人之间行为规范的总和。所以,行政伦理制度化是基于行政职业基本关系的伦理制度化:第一,是指向行政管理职业的伦理规范,其制度化转换的范畴明确指向于行政伦理;第二,行政伦理制度化是对某种或者类型的行政管理过程中涉及的关系进一步制度强化;第三,行政伦理制度化是对指向某种行政职业关系的规范改变强制力的依据和效力。换而言之,行政伦理制度化是基于客观存在的职业基本关系,并且由于行政管理的需要而进行的,而不是其他属于个体性的多元道德规范。

(三)行政伦理制度化是基于社会基本关系的伦理制度化

人是社会性的动物,无论是何种背景的人,都生存于社会之中,并以社会依存为最基本的生存方式。作为行政管理者既是职业人、家庭人,更是社会人。但是,这些身份都以其公民身份为基础,公民道德的存在是职业道德存在的前提。尽管公民身份被政治、经济、社会等赋予了不同的含义,然而在这些不同的含义的背后蕴含着一个共同的理念,即公民总是在与国家、社会以及其他公民或公民团体的关系中确立其角色身份和社会地位的。① 因此,行政伦理虽然是职业关系的反应,但是同时也是公民与国家社会、公民与团体以及公民之间等社会关系的反应。行政伦理的制度化,必须是以反应公民政治、经济、社会等方面的客观关系为基础的,亦即是最基本的公民道德和职业道德规范的制度化。区分其是否具有基本性,有两个重要的判断标准:一是与社会生活所必需的基本秩序紧密相关,这些规范是确保社会正常秩序的必要条件;二是大多数人所必需且能做到,而非理想性的道德要求。之所以强调这两点,是因为伦理制度与其他制度一样,强调权利与义务的对等性,对所有人都具有制度的强制力。而理想性道德规范即使制度化,也只能作为倡导性条款,不能也不应当对之规定相应的法律责任。这类条款就其本质而言,仍然只是道德要求,而并非真正的伦理或者道德制度化。

(四)行政伦理制度化是行为规范的制度化

在技术和方法层面上而言,行政伦理制度化更加注重其规范的制度化可操作性。如前所述,行政伦理是基于公民道德基础上的职业道德,是一种社会关系的反应,在伦理道德和制度的条文中表现为规范和制度条款,在现实中表现为行为规范和准则。伦理规范与制度规范的一个重要区别就是制度一般只针对行为的后果,而伦理规范不仅约束人的行为,而且强调人的动机和品质,但是无论其作用的侧重点有多大区别,行政伦理制度化都指向大众性普遍行为,行政伦理向制度转换重点指向具有行为约束作用的伦理规范,因此,行政伦理制度化是对人的行为和普遍性社会关系的伦理制度化管理。

(五)行政伦理制度化是行政伦理机制体系的制度化

行政伦理制度化是行政伦理机制体系的制度化。行政伦理制度化有赖于健全的行政伦理管理机制和行政伦理责任体系的建立,因此,构建完善的

---

① 李兰芬:《当代中国德治研究》,人民出版社 2008 年版,第 281 页。

行政伦理管理机制和行政伦理责任体系是行政伦理制度化的重要目标。行政伦理管理机制应该包括行政伦理法制化、行政伦理教育正规化、行政伦理组织独立化和行政伦理问责系统化等主要内容；行政伦理责任体系应该包括行政伦理法律、行政伦理职业标准和行政伦理责任构成等。因此，行政伦理制度化不仅是在操作层面上伦理规范的制度化，而且是伦理责任法制化、问责体系制度化和行政伦理管理监督制约机制和教育机制的制度化。这是当前我国行政伦理建设的重点之一。

第五章 当代中国行政伦理
制度化的主要内容

当代中国行政伦理制度化是基于中国国情的伦理制度化,结合当前我国行政伦理建设的现状、需要,以及在借鉴国内外经验基础上来探讨当代中国的行政伦理制度化。概括起来,当代中国的行政伦理制度化主要包括制定行政伦理职业标准、加强行政伦理立法、建立行政伦理组织、加强行政伦理教育、强化行政伦理问责等几个方面的内容。其最终目的在于构建一个具有中国特色的、相对完整的当代中国政府行政伦理责任体系。

第一节 制定行政伦理职业标准

行政伦理制度化的内容首先指向的是行政伦理规范向制度的转换,关注对何种性质、何种类型的行政伦理向制度转换以及转换的度的具体操作。行政职业标准是行政伦理制度化的重要体现,也是行政伦理责任的具体表述。在美国,行政伦理职业标准既有具有法规性质的制度法案,也有行业组织自律标准的规则体系。我国行政伦理职业标准的制定,要在借鉴国外先进经验的基础上,针对我国当前行政伦理失范的社会现实和行政管理的现实需要,制定具有可操作性的职业标准体系,为政府及其公务员提供行为准则,构建具有完整的行政伦理责任条款和明确法律地位的行政伦理职业标准。

一、当前中国行政伦理职业标准制定的现状

从改革开放以来,我国一直十分重视行政伦理建设。尤其从公务员制度的不断完善和健全的历程来看,公务员及其政府组织的伦理道德问题一直就是制度建设的重点。1993 年,颁布了《国家公务员暂行条例》,人事管理逐步走上制度化轨道。随后,针对公务员的贪污腐败问题,又制定出了一系列的法律法规,如 1995 年 5 月,颁发了《关于党政机关县(处)级以上领导干部收入申报的规定》,该法成为了《公职人员财产申报法》的立法基础;2002 年,人事部颁布了《国家公务员行为规范》,从宏观的角度对公务员的行为进行了规范,在很大程度上成为公务员道德的基本要求。2006 年 1 月1 日,《公务员法》实施,标志着我国公务员道德有了法律依据,推进了公务员制度建设的法制化进程。

党的十八大以来,针对党风廉政建设中存在的问题,迅速出台并执行了系列规章制度。主要有:八项规定(2012 年 12 月)、六项禁令(2013 年 1月)、中组部印发《关于在干部教育培训中进一步加强学员管理的规定》(2013 年 3 月)、中纪委《关于在全国纪检监察系统开展会员卡专项清退活动的通知》(2013 年 5 月)、三部一署令第 31 号《违规发放津贴补贴行为处分规定》(2013 年 6 月)、中共中央办公厅、国务院办公厅印发《关于党政机关停止新建楼堂馆所和清理办公用房的通知》(2013 年 7 月)、中宣部等五部门发出通知:"要求制止豪华铺张 提倡节俭办晚会(2013 年 8 月)、坚决刹住中秋国庆公款送礼等不正之风(2013 年 8 月)"、中共中央纪委和中央党的群众路线教育实践活动领导小组《关于落实中央八项规定精神坚决刹住中秋国庆期间公款送礼等不正之风的通知》(2013 年 9 月)、财政部、国家机关事务管理局、中共中央直属机关事务管理局印发《中央和国家机关会议费管理办法》(2013 年 9 月)、中组部《关于进一步规范党政领导干部在企业兼职(任职)问题的意见》(2013 年 10 月)、中央纪委《关于严禁公款购买印制寄送贺年卡等物品的通知》(2013 年 10 月)、中央纪委《关于严禁元旦春节期间公款购买赠送烟花爆竹等年货节礼的通知》(2013 年 11 月)、中共

中央、国务院印发《党政机关厉行节约反对浪费条例》(2013 年 11 月)、中宣部、国家新闻出版广电总局印发《关于严格规范党报党刊发行工作 严禁报刊违规发行的通知》、中央组织部印发《关于进一步做好领导干部报告个人有关事项工作的通知》(2013 年 12 月)、中共中央办公厅、国务院办公厅印发《党政机关国内公务接待管理规定》(2013 年 12 月)、中央纪委、中央教育实践活动领导小组、中共中央办公厅、国务院办公厅印发《关于党员干部带头推动殡葬改革的意见》(2013 年 12 月)、中央纪委、中央教育实践活动领导小组《关于在党的群众路线教育实践活动中严肃整治"会所中的歪风"的通知》(2013 年 12 月)、建立健全惩治和预防腐败体系2013—2017 年工作规划(2013 年 12 月)、中共中央办公厅、国务院办公厅印发《关于务实节俭做好元旦春节期间有关工作的通知》(2013 年 12 月)、中共中央办公厅、国务院办公厅印发《关于领导干部带头在公共场所禁烟有关事项的通知》(2013 年 12 月)、财政部、中共中央组织部、国家公务员局印发《中央和国家机关培训费管理办法》(2014 年 1 月)、财政部印发《中央和国家机关差旅费管理办法》(2014 年 1 月)、中共中央印发修订后的《党政领导干部选拔任用工作条例》(2014 年 1 月)。这些规章制度,针对转型期当代中国政府行政中存在的主要问题和不良倾向做出了明确的规定,规章制度不断完善,为我国反腐败和廉政建设提供有力的制度保障和机制保障,大大推进了行政伦理制度化建设进程。

从当前我国行政伦理职业伦理治理和行政职业标准制定的现状来看,主要体现出以下几个特点:

(一)内容的针对性越来越强。从这些制度制定的思路来看,基本上都是以问题为导向,针对行业在社会中存在的问题,提出明确的要求。因此,在内容上,有总体要求,如八项规定、六条禁令;有关于收受礼物、干部选拔、会议接待、公私财物、办公条件、个人事项报告等许多方面的详细规定,要求具体、指向明确、针对性很强。

(二)逐步把组织和个人都纳入监督范围。我国历来就重视对公务员道德建设,早期有关的文件和规章制度较多地是针对公务员群体制定的,随着对政府组织认识的不断加深和服务型政府建设的提出,尤其党的十八大以后,掌握实权和有较大利益关系的组织也逐步纳入了制度规范的范围,加大了监控力度。

(三)部门特点明显。从这些制度的发布单位来看,基本上都是按照各个行业职业的管辖范围、职能权限和职业特点,所做出的要求,具有明显的条块化特点。

(四)可执行性进一步加强。从这些制度来看,把个人生活和工作中与组织、职业紧密相关的行为进行了明确的限定,给组织和个人提供了明确的行为标准,容易理解且具有操作性。同时在内容表达上,不仅有倡导性的要求,而且对具体条款有标准的同时也表述了明确的后果处置机制,可执行性大大提高,制度性强制特点明显。

二、当前我国行政伦理职业标准制定中存在的问题

总体上来说,从改革开放以来,我国的行政伦理职业标准随着政府执政理念和政府职能的转变在不断地完善,尤其行政法制建设取得了显著的成效,行政伦理也逐步趋于科学化、系统化和规范化。但是,按照服务型政府建设的要求,作为从理念、方式和职能等方面都面临着转型的一个特殊职业,必然要经历一段过程,因此,我国的行政职业伦理标准尚处于完善和大力建设阶段。

(一)政出多门,没有统一的标准

行政伦理制度化最大的功效在于把抽象、原则性的职业伦理要求诉诸于公正严谨的行政规范条文,并通过这些条文的制定把行政伦理理念贯穿其中,既是统一的行为标准,也是行政伦理素养的培育。如美国在1989年颁布了《美国行政部门雇员伦理行为标准》,1990年颁布了《政府官员及雇员的行政伦理行为准则》,1992年又颁布了《美国行政部门工作人员伦理行为准则》,这些职业伦理规范越来越细,这样一种职业规范的设定,保证了伦理理念在制度行为中的落实。另外,从美国的历次颁发标准的部门来看,1989年和1990年是由总统直接签署命令颁发,1992年是由美国政府伦理

办公室颁发的。都由具有权威性和一致性的伦理管理部门直接颁发,具有明确的管理部门和相应的执行机构。应该说,当前我国有关行政伦理职业标准的规章制度比较多,但是大多由各个部门制定,没有统一的针对整个职业的伦理标准。

(二)职业标准的法律效力没有明确

行政伦理职业标准制定有两个主要的要素:除了上述第一点谈到的针对整个行政管理职业所有行政主体的统一的标准体系和行为总则外,还有一个很重要的要素就是这个行为总则的效力问题。在美国、加拿大等国家,行政伦理职业标准一般有两种类型的存在:一是以政府或者政府相关伦理管理机构颁布的具有强制力的伦理行为准则;二是以行业组织作为主体制定的具有自律性质的伦理行为准则。此外,还有各州根据实际制定的伦理行为准则,这也是具有强制力的。一般违反政府制定的伦理行为准则,将受到相应的惩处。如美国众议院在制定《官员行为准则和关于行为标准的规定》《联邦众议员和众议院雇员伦理手册》等规范的同时,专门设有"众议院官员行为规范委员会",负责对官员行为的道德监督,对有违纪行为的议员进行惩罚。联邦宪法规定,有三分之二议员的一致同意,有权驱逐议员。违反伦理准则的议员会受到开除、指责、训诫、罚款、谴责、暂停职务或要求道歉的处罚。参议院设有"参议院道德特别委员会",负责管理、解释、强制执行《参议院公务行为规范》,明确规定,"议员从事违反道德的行为同样会受到开除、指责、申斥、罚款、定罪、停职或被要求道歉等处罚。"大法官会议设有"司法道德委员会",负责监督司法伦理行为规范的执行。

因此,制定行政伦理职业标准,应该明确其法律地位和制度效力,使行政伦理职业标准成为伦理制度,具有相应的制度强制力。

(三)规定过于粗放,不利于执行

在行政伦理制度化的发展过程中,我国已经制定了一系列涉及公务员道德的制度法规,这些制度法规由最初的原则性规定和一些倡导性的道德要求,逐步走向细化和具有针对性,尤其对于违反行政伦理的行为所应该接受的惩处逐步明确化。但是,总体上看还是过于粗放,执行起来比较困难。

如 2005 年制定的《公务员法》规定:模范遵守宪法和法律;按照规定的权限和程序认真履行职责,努力提高工作效率,全心全意为人民服务,接受人民监督;维护国家的安全、荣誉和利益;忠于职守,勤勉尽责,服从和执行上级依法作出的决定和命令;保守国家秘密和工作秘密;遵守纪律,恪守职业道德,模范遵守社会公德;清正廉洁,公道正派;法律规定的其他义务。① 从内容来看,这些规定都是一些道德约束,至于公务员行贿受贿的惩处、维护国家安全的具体范围等方面则缺乏明确的法律依据。

因此,党的十八大以来,连续颁发了数十个文件,对行政组织及其公务员提出了更加明确的规定,除了八条规定、六项禁令等是全局性的外,其他一般都是一事一文,如中央纪委《关于严禁公款购买印制寄送贺年卡等物品的通知》(2013 年 10 月)、中央纪委《关于严禁元旦春节期间公款购买赠送烟花爆竹等年货节礼的通知》(2013 年 11 月)、中共中央、国务院印发《党政机关厉行节约反对浪费条例》(2013 年 11 月)等。这些文件虽然内容具体,操作性强,但是由于只针对某个领域和某个具体事项,约束范围小多采用一一列举的方法,会出现制度过密的趋势。

三、当前我国行政伦理职业标准的主要内容

我国行政伦理职业标准建设,要在两个方面进行加强:一是行政伦理立法;二是建立具有可操作性的行政伦理职业标准。当前理论界基本上形成一致性的共识:要加强行政伦理立法。有的学者提出要颁发伦理法案,有的学者提出要加强对各种行政伦理的法制化建设,其实这两个方面并不矛盾,其主要解决的关键问题就是让行政伦理走向法制化轨道,推进行政伦理法制化进程。当前我国已经颁布了《公务员法》,同时又出台了相关的《公务员法实施细则》,现在迫切需要解决的是如何进一步对公务员法的有关条款,按照行政伦理职业行业标准的要求予以进一步细化,强化其可操作性,

---

① 《中华人民共和国公务员法》,中华人民共和国第十届全国人民代表大会常务委员会第十五次会议,2005 年 4 月 27 日通过。

加强其强制性。因此,当代中国要把行政伦理职业标准建设与行政立法两项工作结合起来,在法律上确立行政主体的责任的同时,为行政主体依法行政、有德行政提供具有法律强制力的行为标准。

(一)行政伦理职业标准构建的基本思路

一个完整的行政伦理职业标准至少要具有两个方面的效力:一是完整的规范体系,能够成为行政管理组织及其公务员的行为标准;二是具备一般法律条文所必备的要件。如前所述,行政伦理职业标准可以有行业组织和政府两种主体的存在形式,结合我国当前的行政伦理制度化现状来看,两者都有需要,但是更迫切需要一部以行政伦理职业标准为基础的伦理法。

如上章所论述的,行政伦理制度化在学理上来讲,应该包括元行政伦理——价值边界、规范行政伦理——规范边界、美德行政伦理——导引边界等三个层次,在实践操作上是通过规范制度化来实现内外控制的制度设计过程。因此当代中国行政伦理职业标准构建的基本思路是:

1.基本手段是把行政伦理职业标准法律化。也就是当前学界讨论最多的伦理立法。通过现代法律建构起一个保障伦理价值进入政治的合法程序,通过程序正义防止个人或者少数利益集团垄断社会分配权力。① 在《公务员法》的基础上,建立一部具有权威性、强制性和针对行政管理整个行业的伦理法,对转型期中国社会伦理与法律之间的模糊界限进行清晰界定,使对有关伦理失范和违法犯罪的惩治皆有法可依,真正建构起公正、正义的伦理秩序。

当然,行政伦理法律化仅是制度化中的一个重要方面,当代中国行政伦理至少还包括其他两个方面的内容:一是进一步完善《公务员法》,把公务员制度中有关公务员的道德要求进一步规范化,对于公务员可能出现的各种违反道德和制度的行为,作出制度化禁止性规定,明确相应的处罚后果,使之更具有可操作性。二是用党的各项规章制度把有关国家公务员的道德

① 胡琴、邱玮:《试论政府转型过程中的公共行政伦理体系建构》,《行政与法》2006 年第 4 期,第 27 页。

要求纪律化,规范公务员的道德行为离不开党的方针政策,特别是党的纪律。用党的纪律来对公务员的道德要求纪律化是行政道德制度化的重要内容之一。

2.建构基本的原则。1997年经合组织起草了一份关于加强行政伦理的建议书草案即《改善行政伦理行为建议书》,获得多个国家的认可通过,该建议书提出了十二条核心"行政伦理管理原则",它对管理者的伦理操守进行了严格的规定,并试图使之成为指导各国管理实践的最高准则。①

(1)公务人员的行政伦理标准应予明确订定;

(2)在法制结构中反映行政伦理标准;

(3)政府部门必须告知公务人员有关行政伦理的指南;

(4)公务人员面对业务疏失的争议时,应该了解自身的权利与义务;

(5)政治上支持对公务人员之伦理行为的强化功能;

(6)行政决策过程应透明公开;

(7)订定明确的公私部门互动指导原则;

(8)政府管理阶层应率先示范伦理行为,并予以强化;

(9)公共政策、行政程序与业务执行,应以强化行政伦理为考量;

(10)公职任免条件与人类资源管理,应以行政伦理的提升为考量;

(11)文官制度应具备适当的问责机制;

(12)适当的行政程序与惩处规则予以订立,以有利于处理行政疏失行为。

这十二条原则,其出发点是供各国用来检查本国在改进行政伦理方面的机构、体系和机制建设情况。这些原则阐明了行政伦理管理体系中关于指导、管理和监控的功能,可供各国参照、吸取了经合组织各国的经验,集中反映了各国关于"完善的伦理管理"的共同看法。这些基本原则的确立,实际上是一种核心政治价值观的确立,经合组织的十二条原则包含着等级不同的价值观。其内涵次序依次为:公道正义、负责尽职、公平公正、行政效

---

① 王伟:《行政伦理学概论》,人民出版社2001年版,第491页。

率、透明公开、诚实廉洁、恪守法律和客观中立。

具体运用到行政职业伦理标准的制定上来,首先要确定的是当代中国行政职业伦理标准的基本原则。这些基本原则确定的主要依据是:尊重我国的行政伦理文化、符合我国当前的国情、审视我国当前行政伦理失范现象、分析我国行政伦理职业标准制定中已有的经验和不足,借鉴国外某些做法,对我国行政职业伦理标准的基本原则简要梳理如下。

(1)具有良好社会公德,践履良好的伦理行为,为个人及组织负责;(个人价值)

(2)坚持信任、诚实和合作的工作原则,正确处理公私利益矛盾,主动承担责任,团结协作;(个人价值)

(3)具有从事行政管理职业所应有的相关法律和职业能力,尽责敬业,努力成为优秀的行政管理者;(职业价值)

(4)遵守职业纪律,不泄露规定要求保密的职业相关信息;(职业价值)

(5)鼓励不断提高个人能力,尊重并保护个人正当合法的利益追求和职业发展需求;(组织价值)

(6)建立和完善一个赏罚分明,激励与约束并举的社会环境和健全体制;(组织价值)

(7)不受贿行贿,主动避免利益冲突,合理合法处理各种矛盾;(合法价值)

(8)遵守相关法律制度和法律程序,支持各种审计和管理制度,防止对公共权力的滥用;(合法价值)

(9)积极履行社会义务和职责,承担道德、政治、行政、法律、侵权赔偿等责任;(合法价值)

(10)公共利益至上,公众利益高于自身利益,全心全意为人民服务;(公共价值)

(11)运用公共权力促进和增进公共利益,平等地对待每一位公民的合法权益,承认所有公民具有平等的权利;(公共价值)

(12)主动积极地对社会公众的需求做出回应,并采取积极的措施,公

正、有效率地实现公众的需求和利益。（公共价值）

可以看出，这些原则是按照内在的价值次序，对公正精神、责任意识和公共利益至上等三大基本原则的进一步细化。其内在价值关系和逻辑关系如下图所示。

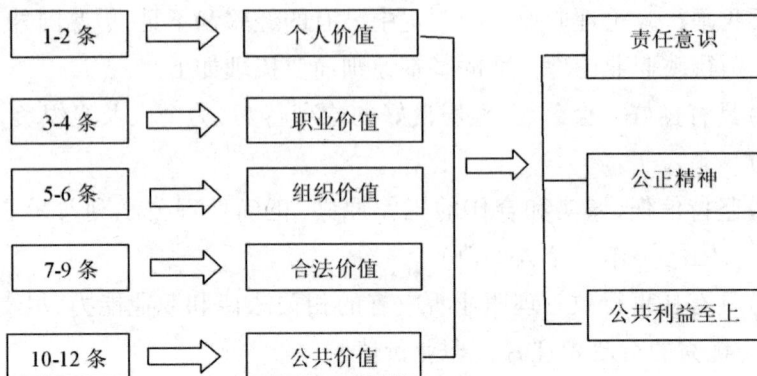

当代中国行政职业伦理标准内涵价值示意图（图2）

3. 建构基本规范

胡琴、邱玮在他们的《试论政府转型过程中的公共行政伦理体系建构》一文中提出：如何对伦理进行有效的制度建构，新制度主义提供了一个有用的参考性框架。新制度主义以三个特征作为其制度建构的分析性框架。①①简化：政治制度可以简化那些对个体来说是复杂的情形，提供一套规则，规则赋予角色义务。正因为公务员系统存在于政治制度的框架内，因此他们的行为被一系列规定（逻辑）所规范——它提供了一种供参考的行为框架即伦理义务感。②象征体系（符号）：身处于政治制度中的角色寻找一种符号以确定事情正按他们应该的方式发生。对公务人员而言，这暗示着伦理决定的作出可根据已认可的规则、习惯、习俗，经过一个固定的过程来达到。③秩序：制度在一个潜在的复杂的、多元化的政治世界中提供了内在的

---

① Marshall Schminke, Moral Management of People and Processes, Managerial ethics. Greibton University, 1992. p. 124.

连续性的结构。通过简化复杂问题提供一个"恰当的程序"符号以帮助个体理解这个世界。制度建构了秩序,这种制度的秩序感提供了过程的连续性。因此,对公共组织而言,伦理框架的设计提供了制度秩序,使公务人员能够依据所提供一套规则、规范、习惯和符号公正地作出伦理决定。因此,外在控制的有效模式应从原则走向规则,进行基本的制度设计,关注从职业伦理规范到伦理立法的整个过程。①

行政职业伦理标准是行政伦理制度化的重要内容,在建立基本原则后,其关键和重心是建构规范体系。参照上述"简化——符号——秩序"的新制度主义制度构建方式,并以之作为行政职业伦理标准制定的技术工具和方法路径来构建规范体系。

(二)当代中国行政职业伦理规范体系构建纲要

职业伦理标准体系的核心是职业规范体系。制定当代中国的行政职业伦理规范体系必须做到三个方面:一是必须体现公共利益至上、公正精神和责任意识等三大基本原则,其实质就是要体现当代中国服务型政府建设的本质精神;二是制度规范的针对性问题,也就是说当代中国的行政职业伦理规范体系的构建是在建构和努力形成一种良好的职业秩序和社会秩序,因此其直接的出发点是针对行政伦理失范;三是条文化,当代中国的行政职业标准体系构建的重心就在于把伦理的"善"转化为具体一致、可操作性的符号性职业规范②,然后再诉诸于一系列公正严谨的行政规范条文,实现行政伦理制度化。

如前所述,当代中国的行政伦理失范主要有五种表象形式:行政权力异化——腐败滋生,行政纪律松弛——作风散漫,行政信念弱化——丧失职业忠诚,不履行行政职责——执行力下降,道德缺失——损害政府公信力等五个方面。具体来讲,行政权力异化主要表现在权钱交易和权力交易,前者主

---

① 胡琴、邱玮:《试论政府转型过程中的公共行政伦理体系建构》,《行政与法》2006年第4期,第27页。

② 胡琴、邱玮:《试论政府转型过程中的公共行政伦理体系建构》,《行政与法》2006年第4期,第27页。

要表现为贪污挪用、违规经商和隐匿财产等方面,后者主要是指权力寻租,以权谋私、卖官鬻爵、索贿受贿、索取高额回扣,获得暴利等。行政纪律松弛主要表现在不遵守岗位纪律、服务态度差、敷衍了事,违规占有或使用公共资源,办公条件、接待、会议等超规格等。行政信念弱化主要表现在行政主体的政治信念不坚定,面对行政管理活动中出现的困难,就会左右摇摆不定,缺乏崇高的道德理想,未能形成正确的权力价值观念。在道德认识上,"民本位"观念越来越淡薄,"官本位"和"权力本位"观念则得以增强。在道德情感上,由于行政主体的"公仆"意识逐渐蜕化,往往"官气"十足。不履行职责主要是指渎职失职,失职、渎职造成重大经济损失、巨额国家和人民财产流失、恶性事故发生。道德缺失主要是指违反社会公德,不负责任地消费公共资财,甚至大肆挥霍公款,出入不应该出入的场所,言行无状,举止不文明,缺乏应有的素养和公民道德素质等。

基于当代中国行政伦理失范的这些具体表现,遵循行政伦理制度化注重有关职业行为可操性规范制定的界限,对当代中国行政伦理失范中有关行政主体行为失范分类。在本部分,着重提出当代中国行政职业伦理规范体系在对有关规定进一步细化的基础上,应该着重抓好的几个主要方面,同时针对当前的实际,提出一些需要重点完善的内容。

1. 关于行政信念。按照行政伦理制度化的界限来看,这一部分虽然是属于精神层面的内容,但是由于规范和行为之间的必然联系,以及规范对行为的约束而产生的信念强化作用,所以关于行政信念的规范可以作为整个规范体系的总则。如美国1990年《布什总统关于"政府官员及雇员的行政伦理行为准则"的1990年12731号行政命令》中规定:公共服务体现着公共信任,要求政府雇员必须把忠于议会法律和伦理准则置于个人利益之上。当代中国行政信念的主要内容体现在廉政、勤政和优秀的行政人格三个方面。主要包括:①公共利益至上,公众利益高于自身利益,要树立全心全意为人民服务的信念;②恪尽职守、勤政为民、遵纪守法,做一个优秀的公务员,建设廉洁高效的服务型政府;③熟练掌握专业基本技能和知识,提高公共服务水平,把组织发展和个人发展紧密结合,做公共行政的职业精英。

2. 关于行贿受贿。关于联邦政府工作人员和证人收受贿赂的规定,在美国公务员道德法案中,不仅针对公务员受贿,同时也针对向公务员行贿的个人或者组织。"任何直接或者间接给予政府工作人员贿赂以影响政府法案的制定或者欺诈政府财产的个人或者组织,都要受到惩罚;任何索要、收取他人贿赂,对政府法案的制定产生影响的公务员也将受到惩处"。[1] 结合我国当前行政伦理失范的主要表现,其中十分突出的一点就是有关收受财物和行贿的问题,有必要对此进一步明确规定。

①关于接受馈赠的对象范围。组织及其个人不得直接或间接从与个人所在单位有业务关系的个人、公司或团体接受礼物、赏金、好处、款待、贷款、有价证券或其他具有金钱价值的馈赠。甚至可以仿效国外的一些做法,对这些利害关系人由于工作原因必须出席这些相关人或单位的活动时,有关就餐、接待等方面都要做出进一步明确的规定。

②业余工作。公务员在业余时间从事教学、讲演和写作等活动时,不能导致与私人利益与公职之间有冲突和利害关系。

③不能利用职务之便,以权谋私,尤其不能利用职务便利获取非公开的信息直接或间接从事财经活动。

④禁止公务员以官方政府代表的身份参加与其直系亲属和有关特殊人物的经济利益相关的活动。

⑤对行贿的组织和个人,应该根据其情节和造成的后果,给予明确的处罚。

对以上情形中,需要有规定的例外原则。如有直系亲属关系的,或者即使没有亲属关系,对于接受的馈赠要按照我国法律规定有明确的上限。如在某种限定下,公务员可以接受:每次不多于市场价格 xxx 元的非索取的馈赠,一年内从一种渠道所接受的馈赠不超过 xxxx 元;基于家庭关系或者个人友谊而赠送的物品;在招待费用由发起人承担时,所参加的范围广泛的集

---

① "Compilation of Federal Ethics laws:Conflict ofInterest" pp. 1 – 2. The United State office of Government Ethics.

会,如会议和招待会等。①

3. 关于财产公开制度。1978 年的美国《政府职业道德法》规定:②联邦工作人员需要公开薪酬、股息、租金、股票和红利收入等等,并且还要说明收入的性质、获得方式等等。另外,政府工作人员的财产档案除了涉及到政府机密之外,都应该向公众公开,每个政府部门的"道德官"都有义务向公众提供政府工作人员的财产档案。在我国,1994 年颁布了《财产申报法》,1995 年 4 月,中共中央办公厅、国务院办公厅联合发布了《关于党政机关县(处)级以上领导干部收入申报的规定》。2006 年 8 月 29 日,党内法规《关于党员领导干部报告个人有关事项的规定》颁布实施。实质上,我国关于党员领导干部报告个人有关事项的报告制度,就是借鉴、采纳世界上通行的"官员财产申报制度"。个人事项申报制度是一项有中国特色、符合中国国情的监管制度,实际执行效果也很好,但是,这一制度在三个方面需要进一步完善:一是关于收入的拥有来源真实性要进一步查实;二是对于虚假申报要有明确的处理;三是只是"收入申报"范围太窄,且收入一般都容易掌握,建议采用国际通用的"财产申报"。

4. 关于人事干部制度。美国伦理法案中规定:一个联邦工作人员不得提名、任命或者提升自己的亲属进入本人所在的机构或者本人管理的机构。③ 这一点在人员聘任和干部任用方面需要进一步贯彻执行,所谓"内举不避亲,外举不避仇"固然是理想的状态,但是如果没有制度的强力约束,只寄托于个人的修为,是很难实现的。2014 年,中共中央印发了修订后的《党政领导干部选拔任用工作条例》中,有关针对性的规定必须纳入行政职业伦理规范体系中去。

5. 关于滥用政府财物的规定。美国规定,偷盗、挪用国家财产的,将会

---

① 陈江:《重构行政伦理体系——一种强力制约行政腐败的隐性途径》,《中共云南省委党校学报》2006 年第 1 期,第 123 页。

② "Compilation of Federal Ethics laws: Ethics in Government Act of 1978" pp. 22 – 40. The United State office of Government Ethics.

③ "Compilation of Federal Ethics laws: Ethics in Government Ac tof 1978" pp. 58 – 63. The United State office of Government Ethics.

受到罚款和 10 年以下徒刑的惩罚。另外,为了防止政府官员运用政府财产开展院外活动,任何与国会相关的财产都不能脱离国会的监控。而任何向外国政府泄漏国家机密的工作人员都会受到判处 10 年以下徒刑的惩罚。①在我国的行政伦理职业标准中必须规定:①公务员不得利用公共资源和公共财物从事各种经营活动;②必须规定公务员不得向未经授权的任何个人和单位泄露国家机密。

6. 关于社会兼职。党的十八大以来,在人事和干部任用上,中组部印发了《关于进一步规范党政领导干部在企业兼职(任职)问题的意见》,对党政干部到企业兼职的问题进行了专文规定。虽然影响最大的是领导干部在企业兼职,但是公务员的社会兼职范围很大,应该有更加统一明确的规定。如公务员现工作岗位和单位对某些对应单位、企业有预见性影响的,需要明确规定这些岗位的公务员退休后或退休一定时间内不得在指定的单位兼职。

7. 关于失职渎职。因为不履行或者不正确履行职责、滥用职权或玩忽职守、徇私舞弊造成的失职渎职行为越来越受到党和政府、社会的广泛关注,这是行政主体丧失行政职业忠诚、缺乏行政责任的结果。行政职业伦理标准必须对其可能出现的情形和可能产生的后果,建立统一的标准和处罚机制。分析近年来发生的失职渎职案件,在行政伦理职业标准中主要要考虑三种情形:①不执行本单位及上级部门规定,导致发生玩忽职守、滥用职权或重大事故,造成人员死亡或较大经济损失,产生恶劣影响的;②对违规行为、事故等长期失察或发现后隐瞒不报、不及时采取有效纠正措施,导致产生不良社会影响,甚至出现重大违纪违法后果的;③对本单位人员及工作生活中存在的问题不及时处理,引发各类事故的。

---

① "Compilation of Federal Ethics laws: Ethics in Government Act of 1978" pp. 69 – 74. The United State office of Government Ethics.

第二节 建立行政伦理组织

行政伦理组织是行政伦理制度化的组织保障,也是专门的行政伦理管理机构和行政伦理责任监督制约机构。健全的行政伦理组织是完善的行政伦理制约机制、保证政府德性实现、真正防止转型期中国的行政伦理失范的重要保障。

一、关于行政伦理组织

这里所说的行政伦理组织,从本质上来讲是政府组织类型中的一种,其主要职能是政府专门的伦理管理机构。行政伦理组织是基于政府组织本身的政治与伦理使命向现代政府组织演变的结果,也是当代政府伦理管理需要的产物。

(一)行政伦理组织是当代政府组织体系中的重要组成部分

行政伦理组织关涉到行政(政府)组织和伦理两个方面。从政府与伦理之间的关系演变来看,有过两种不同的观点:一是政府组织具有自身的价值目标,与伦理是不可分的。在传统中国的主流政治思想和行政思想中,这种观点是占绝对优势的。从周代的"以德配天",先秦孔子的"政者,正也。子帅以正,孰敢不正?",①荀子的"神明自得",董仲舒的"仁在爱人,义在正我",宋明理学和心学"理、心"论,中国传统社会中一直在竭力追求的政治与伦理的最佳结合体系。同时,在古希腊哲人的思想中,柏拉图、亚里士多德等认为政府与伦理价值同构,存在着城邦之善,伦理不可能游离于政府活动之外。另一种观点认为政府独立于伦理之外。在西方,意大利文艺复兴时期的尼科洛·马基雅维里是这种观点的代表人物。他在《君主论》中提出了一种绝对现实主义的政治哲学,认为政治研究独立于道德、政府独立于伦理。正如马克思所说:"从近代马基雅维里……以及近代的其他思想家谈

---

① 《论语·颜渊》。

起,权力都是作为法的基础的,由此,政治的理论观念摆脱了道德,所剩下的是独立地研究政治的主张,其他没有别的了。"①马基雅维里是第一个使政治学与伦理学彻底分家的人。在马氏之后,西方开始出现政府对伦理的两分式理论思维模式。如 17 世纪英国的洛克的《政府论》、18 世纪法国思想家孟德斯鸠的《论法的精神》、1887 年美国人威尔逊的《行政研究》等,都认为政府与国家不同,国家政治涉及价值问题,而政府行政应保持"价值无涉"或"价值中立",使政府成为纯专业、技术型的职能管理组织和服务组织。②

事实上,从当今政府组织的构成和实践来看,政府本身就是一个融政治组织、经济组织、行政组织和伦理组织于一体的混合组织构架。政府组织不可能是纯粹的技术组织和工具组织,更不可能保持所谓的"价值中立",没有价值取向。所以,行政伦理组织的产生既是源于现实伦理管理的需要,也是政府伦理底蕴的内在延伸。

(二)行政伦理组织是基于伦理管理需要而产生的

具有现代意义上的行政伦理组织应该产生在 20 世纪 50 年代的欧洲。引发伦理组织大规模建立的直接原因是 20 世纪 70 年代美国发生的"水门事件"。③ 如前所述,这一时期的美国正经历着历史上最大的政府信任危机,这次危机推动了美国公共行政学会和政府从行政伦理的角度来研究"水门事件",并于 1978 年通过了《美国政府伦理法》,根据此法案的规定,在联邦政府设立了政府道德办公室。此后,英国政府设立诺兰委员会、加拿大设立了"利益冲突和伦理协调委员会办公室"、日本设立了"国家公务员伦理审查会"。此外,新西兰、新加坡、瑞士等国家也设立了相应的政府伦理管理机构。到目前为止,世界上有 100 多个国家颁布了伦理法案,许多国家设立了相应的行政伦理组织机构。

---

① 《马克思恩格斯选集》第 1 卷,人民出版社 1995 年版,第 128 页。
② 高晓红:《政府组织的政治使命与伦理内涵》,《江海学刊》2007 年第 2 期,第 65 页。
③ 许淑萍:《关于在我国建立行政伦理组织的思考》,《黑龙江社会科学》2006 年第 6 期,第 148 页。

(三)行政伦理组织在行政伦理制度化中的作用

从上可以看出,通过伦理立法,设立相应的行政伦理组织,加强行政伦理制度化建设来进行行政伦理管理成为了当前世界各国普遍采用的方法。行政伦理组织在行政伦理法规实施、政府伦理决策和组织实施中具有十分重要的地位。其作用主要体现在三个方面:一是政府伦理组织是伦理制度化的组织形式。道德立法需要专门的机构去实施,进行制度化道德管理也需要专门的机构来进行,行政伦理组织就充当了伦理机构的角色,其本身就是伦理管理制度化的体现,也是伦理准则贯彻执行的保障。二是行政伦理组织是伦理共识的一种形成机制。政府伦理决策是涉及多方利益的决策,它要求调动各方利益乃至全社会的智慧,通过协商和讨论对管理和决策中道德冲突的各种层面进行权衡而取得道德共识。行政伦理组织充当了伦理对话和交流的平台,有利于形成伦理共识,为政府伦理决策提供咨询,进行评估、判断和选择。三是行政伦理组织是对政府制度和行为进行监督和评价的重要主体。行政伦理组织作为专门的伦理组织,是政府伦理决策水平、政府伦理管理水平和决策执行水平的主要监督主体和评价主体之一。①

二、当前我国行政伦理组织建设的现状

我国的行政伦理组织建设相对滞后,甚至未能引起足够的重视。改革开放以后,随着市场经济的不断深化,由此引发对市场经济有无伦理的制度思考开始,逐步在学界开始关注制度伦理。此后,随着政治体制改革、国有企业改革和行政管理体制改革等诸多改革的实施,中国面临着巨大的社会转型,行政伦理失范成为普遍关注的社会问题,对构建一个什么样的政府、给市场和社会提供什么样的制度秩序成为了行政管理者和学者研究的热点。为了制约一系列的行政伦理失范,我国相继颁布了许多针对性的制度,行政伦理组织建设工作逐步得到重视。

---

① 行政伦理组织在行政伦理制度化中的三个作用,参考了许淑萍的观点。详见许淑萍:《关于在我国建立行政伦理组织的思考》,《黑龙江社会科学》2006 年第 6 期,第 148 页。

从各种颁发执行的制度来看,我国的行政伦理组织建设情况大致可以分为四个方面:一是相关部门的行政伦理制度化职能逐步加强。据不完全统计,1978年到2011年《公务员法》出台这一期间,我国先后发布了2000多项法律法规和制度,针对行政伦理失范的各种表现,中央和地方的立法机关、行政机关以监察机关不断加强了对公务员行为的纪律和制度约束,这些部门的伦理管理范围和力度不断加大。尤其出台了我国第一部有关公务员管理的法律,全国人大首次制定了具有法律强制力的公务员行为规范;二是重点部门的行政伦理制度化建设有针对性地逐步加强。党的十八大以来,廉政反腐成为了整治党风、政风建设的主旋律,除了规章制度的针对性、强制性越来越强以外,针对重点部门的制度约束力度加大,而且更多社会关注的权力部门也加强了自我约束,承担了行政伦理组织的执行和监督职能,如财政部、中纪委、中组部、中宣部等;三是加强了一些具有行政伦理组织性质的部门建设。如政府内部监察部门、党组织系列的纪检部门等;四是我国的一些伦理组织也不断涌现,陆续建立了一些专业性伦理委员会,如科学伦理委员会、医院伦理委员会、生命伦理委员会等,在专业伦理决策方面发挥了重要的作用。但是,这些伦理组织不是严格意义上的政府伦理组织。①

回顾我国的行政伦理组织建设历程,总体上行政伦理建设的重要性已经逐步得到认识,行政伦理制度建设大力推进,行政部门的行政伦理组织职能得到了很大的加强,但是与当前我国面临的行政管理环境和政府建设目标来说,行政伦理组织建设明显滞后,还存在以下几个方面明显的不足。

(一)没有专门的行政伦理组织。没有专门的政府伦理法,也没有专门的行政伦理组织。正因为没有专门的行政伦理管理部门,所以就出现政出多门,行政伦理有关制度的制定,部门性很强,这种情况不利于通过管理,使相关行政伦理制度的执行力大打折扣。

(二)职能分散。目前,我国有关行政伦理管理的部门很多,凡是涉及

---

① 许淑萍:《关于在我国建立行政伦理组织的思考》,《黑龙江社会科学》2006年第6期,第149页。

行政管理职能的部门基本上都承担着行政伦理管理的职能。这种情况,既增加了管理成本,又可能使行政伦理建设出现推诿现象。

(三)对行政伦理组织建设的重视度不够。对于行政伦理组织建设的重要作用,目前学界研究较少,政府部门也没有给予足够的关注,需要加速推进。

三、当代中国行政伦理组织建设的路径

建立行政伦理组织是行政伦理制度化的重要环节。中国特色的行政伦理组织建设,要借鉴其他国家的经验,按照我国政府伦理管理的需求,逐步完善和建设。从当前我国行政伦理组织建设的现状来看,还有大量的工作要做,需要逐步有序规划,现就此提出如下一些建设路径设想。

(一)依法设置,建立合法权威的行政伦理组织

如本章第一节所谈到的,当代中国行政伦理制度化迫切需要一部专门的行政伦理法,只有通过法规才能确定行政伦理组织的地位、功能和作用。在国内外行政伦理制度化实践中,越来越多的伦理规范被纳入到社会的法律规则体系中,越是发达文明的国家,行政伦理制度化进程就越快,制度供给的能力就越强。依法建立行政伦理组织,以法律的形式明确行政伦理组织的地位和职能,确立行政伦理组织的机构设置、组成原则、人员构成和权限等,赋予行政伦理组织作为执行伦理法规的专门机构的合法性和权威性,建立统一的合法政府伦理管理部门,有助于更好地解决当前面临的行政伦理失范问题。

(二)先横后纵,构建中央行政伦理组织

美国的行政伦理组织可分为立法、行政、司法三大系列(如图3所示)。众议院是制定《官员行为准则和关于行为标准的规定》《联邦众议员和众议院雇员伦理手册》等行政伦理法规,专门设有"众议院官员行为规范委员会",负责对官员行为的道德监督,对有违纪行为的议员进行惩罚。联邦宪法规定,有三分之二议员的一致同意,有权驱逐议员。违反伦理准则的议员会受到开除、指责、训诫、罚款、谴责、暂停职务或要求道歉的处罚。参议院

设有"参议院道德特别委员会",负责管理、解释、强制执行《参议院公务行为规范》,明确规定,"议员从事违反道德的行为同样会受到开除、指责、申斥、罚款、定罪、停职或被要求道歉等处罚。"大法官会议设有"司法道德委员会",负责监督司法伦理行为规范的执行。

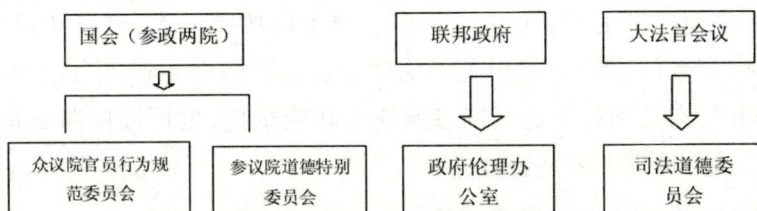

美国行政伦理组织基本构架示意图(图3)

美国的行政伦理组织是按照立法、行政、司法的思路来建架的,其基本的内涵是秉承三权分立的思想,意图实现分权制衡。这一构架思路对我们实行权力制衡,建立行政伦理制约机制是有很大借鉴作用的。同时结合我国人民大会的根本政治制度和国体政体特点,我国的行政伦理组织建设可以按照"从上至下,先横后纵"的顺序展开,即先按照权力制衡的思路,首先开展横向的行政伦理组织构架,先中央后地方再基层,层层逐步建立。可以首先在全国人大设立伦理委员会,然后在国务院伦理办公室,在最高人民法院和最高人民检察院设立司法伦理委员会,在中央各部委设立伦理办公室。

我国行政伦理组织横向建设示意图(图4)

（三）从上至下，组建省级行政伦理组织

通过立法，完成横向构架，开展相应的制度建设之后，通过一段时间运行，在地方和基层的人大、政府和相应部门设立伦理委员会，也就是纵向构架。省（直辖市）、市（地州）、县三级可以按照人大、政府、检察院、法院和直属机关的序列建设机构，在乡（社区）一级可以按照人大、政府和司法三类进行构架，把乡（社区）直属机关的伦理办公室职能合并到政府伦理办公室中去。同时，有关国有企业可以参照建立相应机构，也可以按照属地原则，并入相应地方伦理办公室管理。

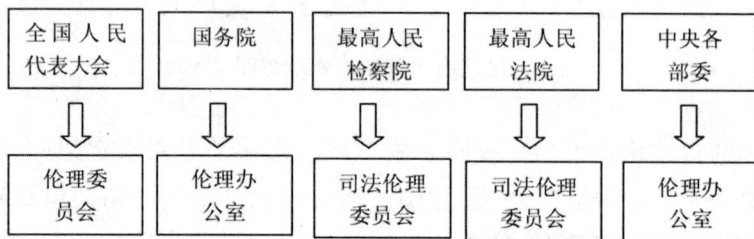

全国人民代表大会	国务院	最高人民检察院	最高人民法院	中央各部委
⇩	⇩	⇩	⇩	⇩
伦理委员会	伦理办公室	司法伦理委员会	司法伦理委员会	伦理办公室

我国行政伦理组织纵向建设示意图（图5）

目前，我国有许多机构在一定程度上承担着某种道德管理职能，如人大法制委员会、政府的监察部门以及党的纪检部门和精神文明办等。伦理委员会、伦理办公室的组建应与这些现成的机构紧密结合。建有这些机构的部门应充分利用这些机构，或改组其中的某个部门，赋予新的伦理管理职能，或在这些机构内增设新的伦理管理部门。因此，在行政伦理组织建设的过程中，要坚持重组、合并、调整的基本原则，防止行政伦理组织建设成为机构膨胀的新诱因。

（四）专兼结合，组建伦理管理队伍

由上可以看出，行政伦理组织大致可以分为三类：第一类是设立在人大的伦理委员会，其主要职责是立法和监督；第二类是设立在政府的伦理办公室，其主要职责是执行和监督行政伦理法规制度的执行情况；第三类是设立在司法部门的伦理委员会，其主要职责是进行司法伦理监督。总的来讲，专

兼结合是行政伦理组织人员组建的基本原则,但是根据各个伦理组织的不同职能和要求,人员要有所区别。

许淑萍在其《关于在我国建立行政伦理组织的思考》一文中认为:在人大常委会设立的伦理委员会的人员构成应包括两部分,一部分为专职常务委员,他们应是道德素质较高具有道德知识的党政官员。另一部分为兼职人员,他们应是伦理科学的专家和社会各界德高望重的人士。根据工作需要,随时参与伦理讨论、辩论,解决伦理争议,做出伦理判断。而政府道德办公室是政府常设机构,其人员应该少而精,不同层次的机构人员数量应有所不同,由上至下逐层减少。成员组成也由两部分组成,一部分是常设人员,由政府工作人员组成,另一部分为非常设人员,即聘请若干相应的学者和道德专家,参与政府的伦理决策、协助解决各类道德问题。① 在司法部门设立的伦理委员会,应该由具有法律专业素养和伦理科学知识的两类人员组成,其主要人员来源应是司法机构的资深人士和社会聘任相结合。

第三节 完善行政伦理教育体系

完善的行政伦理教育体系是行政伦理制度化的重要内容。一切设计美好的制度如果没有优秀的人员来执行都是空谈,最终都必须依靠人、体现在人身上。因此,行政伦理教育是行政主体伦理品质培育的重要途径,完善的行政伦理教育体系是行政伦理制度化和行政伦理教育的机制保障。

一、关于行政伦理教育

行政伦理教育按照其范围和对象,可以有广义和狭义之区分。狭义的行政伦理教育仅是指针对公务人员所开展的职业伦理教育,是指以政府组织为主体,依据有关的行政伦理规范、行政制度和法律,对行政主体开展的

---

① 许淑萍:《关于在我国建立行政伦理组织的思考》,《黑龙江社会科学》2006 年第 6 期,第 150 页。

有组织、系统的培训和教育,其目的在于使行政主体由外在的规范教育转化内心信念和内在品质。广义的行政伦理教育在对象上不仅包括对现实行政主体的伦理教育,而且包括对可能的行政职业从业来源主体的职业前教育;在教育内容上,不仅包括狭义行政伦理教育的内容,也包括更多的行政职业伦理常识的教育。如目前国内外普遍在高校开设行政伦理学课程。在本文中所指的是广义层面的行政伦理教育。

一个完善的行政伦理教育体系应该包括法定的教育机构、明确而与时俱进的教育内容、灵活的教育形式和可行的教育效果评价机制。完善的行政伦理教育体系体现一个国家对行政伦理重要性的认识水平和重视程度,也是形成良好行政伦理的重要保障机制。

二、我国行政伦理教育现状

对于行政伦理教育的重视是基于对行政伦理重要性和影响重大性的认识基础上的,在我国悠久的社会发展进程中,很早就认识到了行政伦理的重要性。孔子曾说过:"君子之德风,小人之德草:草上之风,比偃。"[①]其意是:为政者的道德作风如风,百姓的道德作风如草,风向哪边吹,草就向哪边倒。这形象地说明了政府官员的伦理道德风貌如何,会对社会公众产生示范作用,直接影响到各行各业和社会各类群体,以至整个社会道德风尚的好坏。在2000多年的封建社会发展历程中,伦理教育几乎是整个教育体系的核心,而官德教育和培养更为重中之重。因此,我国有着悠久的行政伦理教育历史和良好的行政伦理教育文化,这是现代行政伦理教育的宝贵的文化基础和文化心理共识。

新中国成立以来,我们秉承这一传统,开展了许多行之有效的行政伦理教育,尤其随着新的社会制度的确立和政府管理需要的不断变化,新的行政伦理教育体系也正在逐步成形,回顾这几十年的行政伦理教育历史,有三个方面的重要成果。

---

① 《论语·颜渊》。

(一)建立了一套有中国特色的行政伦理教育机构

我国通过支持并鼓励社会所有部门参与,形成了以国家行政学院为主体,包括各级地方行政学院、经国务院人事部门和省级政府确认的具有相应资格的各类培训机构,高等院校以及各级党校等在内的国家公务员培训网络。① 已经初步形成了包括高校、各级党校和行政学院、行业部门培训机构构成的多元主体公务员培训系统。

(二)形成了有中国特色的行政伦理教育内容体系

当前,我国行政伦理教育的内容体系主要包括两个方面:一是课程体系。当前我国的公共行政伦理课程的设置既有把公共行政伦理作为一门单独的课程来开设,也有把公共行政伦理整合进其他的公共行政学的课程两种形式。但是无论哪种形式,教材编写和内容组织都更加具有国情特点;二是通过讲座、培训等形式,党的方针政策、重要规章制度、重大改革问题和重要社会热点问题等都成为了行政伦理教育的重要内容。

(三)拓宽了行政伦理教育的领域

除了重视对行政从业人员的行政伦理教育以外,近 20 多年来,行政伦理教育领域进一步拓宽,其中最明显的标志就是高等院校行政伦理课程的开设更加广泛,对行政伦理的研究进一步加强,丰富了行政伦理教育的理论和形式。据不完全统计,自 1994 年中国人民大学张康之教授开设国内第一门行政伦理学课程以来,我国有数百所高校开设了行政伦理学课程。

尽管在行政伦理教育方面我们所取得的成就是有目共睹的,但是应该看到,当前我国的行政伦理教育体系还不完善,还存在较多的缺陷,需要进一步完善和健全。目前我国行政伦理教育体系的主要问题有:

(一)需要进一步转变行政伦理教育理念

行政伦理教育不是要把所有的行政人员都培养成不食人间烟火的神仙,而是要培养既具有主体自律、廉洁奉公精神的公务员,又具有合法利益

---

① 参见高敬伟:《我国公务员培训市场化研究》,河南大学硕士论文,第 22 页。来源:中国学术文献网络出版总库。

追求,鼓励实现个人价值的现实职业人。道德拔高是我国中华人民共和国成立后一段时期内普遍存在的现象,"高大全"的形象成为了行政伦理教育的样板,在现实生活中,公务员和所有的社会公民一样有着不同的伦理境界和社会生活追求,理想的道德榜样固然可以成为一部人的追求,但绝不是现代经济社会发展阶段所有人的追求,因此,在行政伦理教育中不能过分拔高教育目标,而应该着重针对当前社会现实,通过行政伦理教育培养公务员处理利益冲突、价值冲突的能力;培养公务员在面临行政自由裁量境况时,如何正确行使权力的公正精神;提高公务员处理实际工作的技巧和素养,培养具有自主、公正、服务精神行政品格的公务员。

(二)行政伦理教育内容系统性不够

行政伦理教育内容系统性不够主要体现在教育内容滞后于现实发展,不能及时系统地体现现代行政管理的最新理念,不能适应现代行政管理的现实需要。尽管近年来这一状况有了较大改观,但是系统性和权威性仍然不够,往往注重于对政策的解读,而且在实际教育中,传统的内容过多,说教痕迹很明显。事实上,行政伦理教育的理念、内容、方式、组织形式和评价模式等总是与政府执政理念和治理模式紧密相关。行政伦理教育必须适应现代化的社会发展和现代化的政府治理方式转变的需要,按照行政管理和行政伦理教育的科学规律,遵循行政伦理品质形成的规律,有前瞻性和系统性地组织行政伦理教育内容体系。

(三)行政伦理教育师资队伍职业经验薄弱

当前我国的行政伦理教育师资队伍主要来源有两个:一是高校毕业生;二是从别的行业调入的人员。总体上来讲,前者占大多数。行政伦理教育是一种集知识素养培养和行政职业能力培训为一体的特殊教育形式,它要求既具有行政管理的理论背景,也要求有行政管理的从业经验,但是,许多的行政伦理教育教师要么缺乏管理经历,只能从书本到书本,要么有一定的管理经验,却又缺乏相应的现代政府管理知识背景,导致教学的针对性和实用性大打折扣。因此,建设一支双师型的、稳定的行政伦理教育师资队伍是我国当前行政伦理教育中必须要尽快解决的重大问题。

（四）行政伦理教育方式单一

尽管我们已经形成了具有中国特色的行政伦理教育模式,但是中短期培训是其主要形式,教学形式也基本上是教师、书本和课堂为中心。这种中短期培训的方式有利于较快地提高公务员的政策水平和理论水平,但是由于缺乏应用研究、调查研究,缺少实作、缺少对管理能力和技巧的培训,使检验行政伦理教育的方式最后往往走向传统的论文和考试,教育效果不佳且难以科学评价。

三、进一步完善我国行政伦理教育体系的设想

行政伦理教育是一种特殊的教育,当代中国的行政伦理教育是集政治与行政伦理教育、权力价值教育、道德与法制教育于一体的综合教育。[①] 因此,在教育内容、教育组织形式、教育方式途径、教育主客体和教育效果评价等方面都应该符合中国国情,适应当前中国行政管理发展的需要,在此基础上建立和完善制度化的行政伦理教育体系,使行政伦理教育成为推进行政伦理建设、提高公务员素养、建设廉洁高效的服务型政府的重要保障机制。

（一）转变行政伦理教育理念,培养具有健全人格的职业精英

行政伦理教育的理念决定了行政伦理人格塑造和综合能力培养的目标。因此,行政伦理教育中一定要去除道德拔高的现象,我们的行政伦理教育并不是要求所有的人都一定要成为杨善洲、焦裕禄那样崇高伟大的管理者,他们是共产党员和公务员至高境界的榜样,是引导具有高尚人格的公务员追求的境界,但是并不是要求人人都必须做到的。所以,行政伦理教育首先要培养人和塑造人的目标要回到现实中去,把健全的人格和良好的职业素养教育作为行政伦理教育的基本目标。

同时,行政伦理教育要尊重教育规律和人的道德形成规律。在行政伦理教育中,公务员道德价值的确立是行政伦理教育的重要内容,但是伦理品质的形成始于他律,其目标是成为个体的品质,达到自律的目的。因此,行

---

① 李晓梅:《伦理学视域下的廉政教育研究》,中国硕士学位论文网,第15页。

政伦理教育是伦理规范转化为政府官员内在道德品质的重要环节,其功能就体现在规范认同和行为训练两个方面。它一方面使政府官员很好地认同行政伦理规范,认同为人民服务的宗旨,并使其内化于个体行政人格之中,树立以勤政爱民、廉洁奉公、诚实守信为核心的价值观、权力观和利义观,自觉抑制和克服有悖于行政伦理规范的需要和欲望;另一方面通过有组织、有目的、有计划的系统教育培训和实践活动,促使政府官员提高伦理决策水平,将内在的道德品质更好地外化为道德行为。①

（二）更新教育内容,提高行政伦理教育的实效性和针对性

行政伦理教育内容要做到新颖性、实效性和针对性,必须在三个方面加强建设。

1. 及时更新内容,追踪管理前沿。我国有着悠久的行政伦理教育历史,对系统实行行政伦理教育具有良好的文化共识基础,这是我国开展行政伦理教育的丰富资源和良好基础,但是事实上,行政伦理教育固然需要历史和文化的积淀,更需要扬弃和与时俱进。因此,行政伦理教育的内容首先要做到与时俱进,要反应国内外最新、最前沿的行政管理理论和改革中的热点和难点问题。同时,由于我国当前行政伦理教育缺乏统一的内容规定,迫切需要组织力量,编写具有权威性和系统性的行政伦理教材,对教学内容进行科学认定,以确保教育的科学性、系统性和权威性。

2. 做好需求分析,按需施教。当前我国行政伦理教育内容的设定大多来源于理论教材和政策文件法规,有的教学课程甚至依据教师本身的研究专长和培训机构现有的师资条件来确定,缺乏严密的需求调研和论证。这里所说的"需求"是指接受行政伦理教育的客体所从事的岗位工作的需求行政伦理培训的需求分析,就是在培训活动之前,运用各种方法与技术,对培训对象所需求的知识等方面进行系统的调查与分析,进而确定培训内容的一种活动。因此,要确认培训对象现有水平与岗位需求之间存在的差距,

---

① 王伟华:《加强政府官员行政伦理培训的对策建议》,《领导科学》2010 年 7 月,第 31—32 页。

并以此作为教学内容和培训方案制定的重要依据。这种需求分析至少需要确认三个方面的内容：一是岗位本身的技能和素质要求是什么，包括一般要求和最高要求；二是培训对象现有的状况如何，包括其中的层次差异分类等；三是特殊性的要求有哪些。

3. 要加强社会公德、职业道德和特殊职业能力的培训。要使公务员成为具有健全人格和职业精神的职业精英，首先必须承认公务员是公民和职业人的结合体，所以，在行政伦理教育中必须加强公德教育和职业道德教育，使之成为合格的公民和有职业良心的职业人。其次，要对培训对象所从事的岗位在实践中面临的主要问题进行研究，并根据实践问题的特殊性制定特定的教学方案、聘请相应的专业人员担任培训教师，把培训与解决实际问题紧密结合，切实提高培训的针对性。

（三）实现行政伦理培训制度化，分类管理分类培训

行政伦理教育制度化是行政伦理制度化有效实现和执行的重要途径，不仅要做到行政伦理机构法定化、内容系统化、评价权威化，而且要把行政伦理教育制度化，这是实现岗位继续教育的制度保障。在行政伦理职业标准中既要明确公务员具有接受岗位培训的权利和义务，更要明确规定何种类型的公务员在多长的时间内必须接受何种级别的行政伦理培训，使之成为公务员和组织共同履行的义务和责任。

此外，行政伦理组织必须针对不同的培训对象，采用分级培训和分类培训。分级培训就是要根据公务员的不同职务层级，开展有针对性的培训；分类培训就是要根据公务员岗位性质区分成不同的类别，按岗位类别进行培训。

（四）改进培训方式，建立有效的培训评价机制

行政伦理教育不是大学教育，也不是一般的职业技能培训。传统的讲座和中短期授课培训方式过于单一，在教学内容上过于侧重理论讲授和行政管理知识教育，相对忽视了伦理实践和管理实践，要突破以课堂教学、教师、书本为中心的"三中心"，转变为以课堂教学、应用研究、社会调研为主

要内容的新"三元结构"。① 因此,行政伦理培训必须走出课堂,走向社会;超出书本,回到实践;超越教师,回归学员主体。在培训效果的评价上,要改变传统的论文、作业、考试等学校教育的基本考查形式,要建立学以致用、知识能力相结合的培训评价标准,建立培训单位与工作单位相结合的评价机制。

(五)建双师型队伍,提高行政管理培训师资队伍水平

行政管理培训师资队伍的水平是提高培训质量的关键。当前我国的行政管理培训师资队伍知识结构单一、职业背景单一,与高等院校师资队伍结构类似,必须建设一支双师型行政管理培训队伍,尽快改变这一局面。一是加强队伍交流和挂职锻炼。选拔有经验的各级各类行政管理者和培训机构中的教师相互挂职锻炼,丰富从业经验;二是专兼结合,资源共享。可以聘请高等院校和研究机构中理论知识丰富的专家学者担任教师,同时也可以从行政单位中聘请有丰富管理经验的领导担任教师。通过多年的年轻化、知识化建设,我国当前的干部队伍中有一大批既有知识素养,又有丰富管理经验的干部,聘请这些人来担任培训教师,更能把理论与实践紧密相结合。三是在行政职业伦理标准中,要规定专职培训教师,必须在一段时间内有不同岗位的挂职经历。

(六)拓宽培训范围,建立良好的行政伦理社会教育体系

从欧美等发达国家的经验来看,行政伦理教育面向高校、面向行业组织,取得了明显的成效。如美国的行政伦理教育发端于高校和公共管理协会。在我国,高等院校是当前公务员的主要来源单位,必须把行政伦理教育更深层次地拓展到高校,除了在高校开设行政伦理课程以外,行政管理机构要与高校协作,加大学生实习实践的深度和广度,开展有效的准公务员培训,建立完善的行政伦理社会教育体系。此外,行政伦理培训单位要与高等院校、研究机构紧密合作,加强对行政管理理论和实践的研究力度,成为理论创新的主阵地。

---

① 王伟华:《加强政府官员行政伦理培训的对策建议》,《领导科学》2010 年 7 月,第 32 页。

第四节 完善行政问责制度①

行政伦理问责是行政伦理责任落实的重要途径,也是行政伦理制度化的必然要求。在责任政府的责任体系中,伦理责任与政治责任、法律责任、行政责任等共同构成一个完整的当代政府责任体系。行政伦理责任作为政府责任中的一种,要加强行政伦理问责,就需要进一步完善和加强行政问责制度建设。

一、我国行政问责制度建设取得的成效

虽然新中国成立以后随着社会发展不断深化和加强建设的需要,不断加强了行政问责制度建设,但严格意义上的行政问责,在我国应该是始于2003年非典期间,此后,在食品安全、重大安全事故和环境污染等领域开展了系列有关失职渎职行为的问责,以及针对相关负有重要责任的行政官员的问责。随着政府职能的不断转变,行政管理体制改革的不断深化,我国行政问责在理论、制度和实践等方面都取得了明显的进展。

(一)行政问责理念日益深入人心

通过多年行政问责制实践,行政问责理念初步确立,主要表现在两个方面:一是政府必须对自己的行为负责观念逐渐深入人心;二是逐步由权力问责走向制度问责。无论政府自身还是普通公民,都树立起政府必须对自己的行为负责,对自己所提供的服务负责,对人民的利益负责的责任理念。即,政府必须积极地履行其社会义务和职责,必须主动、及时地回应社会和民众的要求,必须承担政治责任、法律责任、行政责任和道德责任。官员的被问责和道歉逐渐制度化,真正做到"执法有保障、有权必有责、用权受监

---

① 本部分参考了"昆明市建立完善问责工作机制对策研究"项目组成果,《责任政府与问责制度研究》书稿。

督、违法受追究、侵权须赔偿",①由权力问责向制度问责的不断转变,要求政府树立依法行政和向公众负责的公共服务理念,正在转化为全体国家公务员的普遍意识和通行理念。

(二)颁布了系列行政问责的法律规范性文件

1994 年,《中华人民共和国国家赔偿法》规定了国家机关及其工作人员的侵权赔偿责任、赔偿范围、程序和计算标准。2005 年颁发的《中华人民共和国公务员法》,对公务员的行为规范、法律责任作出了具体明确的规定。《法官法》《检察官法》《行政监察法》《行政处罚法》《安全生产法》《行政许可法》《行政复议法》《行政诉讼法》等法律中都有相关行政问责的内容。2007 年起施行的《中华人民共和国各级人民代表大会常务委员会监督法》中用专门一章规定了询问、质询、撤职等问责的形式,并对问责的程序作了规定,例如特定问题调查、询问、质询、撤职案的审议和决定的具体程序,对于完善我国公共权力问责机制起了重要的作用。

(三)行政问责法律规章日渐完善

1989 年 3 月,国务院发布了《特别重大事故的调查程序暂行规定》。1993 年 4 月,国务院颁布了《国家公务员暂行条例》。这些有关行政责任追究的规章制度对我国行政问责机制的建立起到了重要的探索作用。2001 年 4 月,国务院颁布实施了《国务院关于特大安全事故行政责任追究的规定》。2003 年"非典"以后,我国行政问责制度建设明显加快了步伐。2003 年 5 月,国务院颁布实施的《突发公共卫生事件应急条例》中明确规定了各级政府领导在突发公共卫生事件中的职责、办事程序以及违反条例所应承担的法律责任。2004 年 3 月,国务院印发了《全面推进依法行政实施纲要》。2007 年 4 月,国务院公布《中华人民共和国政府信息公开条例》将政府政务公开法律化。同时还公布了《行政机关公务员处分条例》,明确公务

---

① 《全面推进依法行政实施纲要》,国务院关于印发全面推进依法行政实施纲要的通知(国发〔2004〕10 号)。

员违纪处分的种类和适用情况,为行政问责提供了更为有力的法律支持。①

(四)党内问责的党规党法趋于成熟

2004年2月,《中国共产党党内监督条例(试行)》公布,"询问和质询"、"罢免或撤换要求及处理"等问责内容进入该条例。《中国共产党纪律处分条例》,对应受纪律处分的行为进行了明确的列举,提高了党纪处分的法治化水平。2004年3月颁布的《党政领导干部辞职暂行规定》中,把领导干部的辞职分为:因公辞职、自愿辞职、引咎辞职、责令辞职四种形式,并明确规范了这四种辞职形式的适用范围、辞职条件、辞职程序、辞职后的安排或管理,明确了其与纪律处分的关系。中共中央办公厅、国务院办公厅于2009年7月印发了《关于实行党政领导干部问责的暂行规定》,该规定将问责对象认定为:中共中央与国务院各部门、机构的"领导成员"。《暂行规定》的颁布是我国问责制度建设的一个重大突破,它对问责制建设具有统领性的制度引导作用。该规定颁布后,许多地方党委政府都制定了贯彻落实意见。2010年3月,中央发布的《党政领导干部选拔任用工作责任追究办法(试行)》中规定:干部引咎辞职2年内不再提拔的新举措。此规定对近年来被问责干部随意复出的现象给予了有力回击,表明了党和政府加强行政问责制度建设,加强行政问责的决心。党内法规规定与行政问责法律法规规章之间相互配合、相互完善、相互补充,在执行中相互交叉,有力地推进了行政问责的法治化和规范化,提升了行政问责的实效性。

(五)行政问责的地方政府规章相继出台

各级地方政府对建立行政问责制也进行了积极有效的探索,相继制定出台了大量地方政府规章。截至目前,吉林、深圳、云南等20多个省(自治区、直辖市)和多数较大城市都已制定、出台了行政问责相关办法,并在较多的市县级政府推行行政问责制的先行试点,取得了较好的成效。

(六)行政问责的力度不断加大

中华人民共和国成立后至改革开放前这一段时期,尽管问责制度和法

---

① 高志宏:《困境与根源:我国行政问责制的现实考察》,《政治与法律》2009年第10期。来源:北大法律信息网。

律法规尚不健全,但对过错官员的责任追究却不乏其例。如1950年河南省宜洛煤矿因发生瓦斯爆炸事故造成174人丧生,当时的政务院就追究了河南省政府主席的责任,给予其行政处分。从十一届三中全会到二十世纪末这一时期,主要是对一些重大事件进行了严肃追究。如1979年11月因石油部海洋石油勘探局"渤海2号"钻井船翻沉,追究了时任国务院主管石油工业的副总理和石油部长的责任。2003年,因防治"非典"工作不力,上千名官员被查处问责,其中还包括两名省部级高官。标志着具有现代政治理念意义上的行政问责制开始在我国正式确立。据统计仅2009年一年我国就对7036名领导干部进行了问责。① 2013年,截至12月31日,全国共查处违反八项规定精神问题24521起,处理党员干部30420人。② 可见,随着行政问责制度建设的不断完善,问责机制的不断健全,问责的力度也在不断加强。

二、我国当前行政问责制度建设存在的问题

尽管通过多年的建设,我国的行政问责在制度、实践和成效等方面取得了很大的成效,但是与当前责任政府建设、服务型政府建设以及国家治理体系和治理能力现代化建设需要相比,还存在诸多需要进一步完善的方面。

(一)亟需制定行政问责法

一部行政问责的全国性法律是行政问责制度健全完善的重要标志。行政问责是一项重要的法律制度,也是责任政府建设和民主政治的必然要求。然而,当前,我国施行行政问责的依据主要是《党政领导干部选拔任用工作条例》、《中国共产党党内监督条例(试行)》、《中国共产党纪律处分条例》和《关于实行党政领导干部问责的暂行规定》以及一些部门规章和地方政府规章。这些规范性文件,一是法律位阶低,权威性不够;二是问责标准不明确,尤其所规定的引咎辞职、责令辞职等责任承担方式,"询问和质询"、

---

① 《中国的反腐败和廉政建设》白皮书。
② 《人民日报》2014年1月11日第4版。

"罢免或撤换要求及处理"等问责方式都属于行政问责范畴,而且是政治责任;三是问责对象不全。在这些文件中仅涉及党政领导,没有完全涵盖行政组织及公务人员。[①]

在目前的行政问责实践中,有关问责的地方性的政府规章远多于全国性的法律。从2003年下半年开始,一些地方政府先后出台了专门的行政问责制的规章。这些地方政府规章虽然推进了我国行政问责制的法律建设,但是毕竟是限于一个区域,没有形成全国普遍、统一的制度化,因此,必须提高问责依据的层级,才能确保问责的科学性、系统性,才能保证问责的效力。

(二)权责界定不清晰

拥有清晰的权、责、利是问责的前提。由于没有一个全国性的规范问责法律体系做支撑,也没有一个明确的有关行政责任的标准依据,对行政过程中的权、责、利界定不清晰,导致问责责任与问责对象之间无法找到对应关系。由于我国目前政治体制和行政体制改革还没有完全到位,造成官员的责任归属难以认定,这也在一定程度上影响了问责制的实施。[②] 如目前在党政之间、不同层级之间、正副职之间的责任划分有时并不明确,一旦出现问题,责任主体无法清晰界定。

(三)问责主体单一

政府组织及其公务员行使人民授予的权力,因此其服务和负责的对象就是人民,而落实责任的有效办法之一就是健全问责体系,要根据权力对象和责任来源的特点,建立由不同主体构成的问责制度。但就目前看,我国"行政问责"还是以行政机关内部的上下级之间问责为主,启动的仅仅是局限于行政机关内部的同体问责,即上级对下级的问责、专门行政机关对行政人员的问责,缺乏异体问责主体及时、有效的介入。实际上,问责制既需要同体问责,也需要异体问责,而更关键的是搞好同体问责的同时绝不能忽视

---

① 参见于晓光:《论我国行政问责制的法律缺陷及制度完善》,《长春理工大学学报(社会科学版)》2008年第5期,第14页。

② 周亚越:《论我国行政问责制的法律缺失及其重构》,《行政法学研究》2005年第2期,第87页。

异体问责的重要作用。

(四)问责客体仍然不够明确

目前,我国的行政问责实践中,各地规章中有两种情形:一种规定问责客体为政府机关及其公务员;另一种规定问责客体仅限于政府各部门行政首长(行政负责人)。而国家对此并无明确规定。

(五)问责范围过于狭窄

大部分地方规章主要针对政府及其公务员不履行法定职责、不正确履行法定职责的行为进行问责,只有少部分规章规定针对一些与职责无关但严重损害政府形象的不良影响行为进行问责。[1] 在问责制的实践中,大部分的问责仅限于安全事故领域,并且仅停留在人命关天的大事上,而对一些未造成重大事故的"豆腐渣"工程、虚报浮夸或瞒报、迟报造成不良影响或工作损失等情况,以及行政不作为、用人不当等却鲜有问责。此外,目前的行政问责、政治责任、行政责任、法律责任等是问责关注的重点,而对于政府所应该履行和承担的伦理责任没有引起足够的重视。

(六)问责程序需要进一步规范

各地行政问责制规章对问责程序规定相对简单,缺乏可操作性。一是缺乏透明度。问责往往都是系统内部操作确定,所有规定都没有涉及到问责程序向公众公开,公众缺乏应有的知情权和监督权;另外,被问责官员的去向也没有作出交待,使人们不能不对问责结果有所怀疑。二是问责过程简单。大部分规章仅规定了问责程序包括:启动、调查、处理,但对调查组成、时限、复核等较少涉及。三是被问责官员权利保障缺乏。[2]

(七)问责方式简单笼统

通常情况下,被问责的政府及行政人员有可能会涉及到四种形式的责任:法律责任(包括刑事责任、行政责任、民事责任)、政治责任、民主责任和

---

① 参见于晓光:《论我国行政问责制的法律缺陷及制度完善》,《长春理工大学学报(社会科学版)》2008 年第 5 期,第 14 页。
② 参见于晓光:《论我国行政问责制的法律缺陷及制度完善》,《长春理工大学学报(社会科学版)》2008 年第 5 期,第 14 页。

道义责任。但在实践中,应该追究何种责任没有明确界定,往往会出现责任替代,以小责替大责的现象。如在实际操作中,以引咎辞职作为挡箭牌,推卸责任的情况并不少见。因此,必须通过法律明确规定行政问责制的种类、问责行为所对应的问责方式,建立真正有效执行的行政问责制度,以防止对责任官员有所偏袒,只注重于追究其行政责任,而回避追究法律责任。

三、当前我国加强行政问责制度建设的建议

行政伦理问责是行政问责的一个重要方面,完善的、具有可操作性的行政伦理问责机制建设有赖于行政问责制度的整体建设。但是,行政伦理问责体系建设的现状和现实需要,从不同侧面反映了行政问责制度建设的方向,以上述我国行政问责建设的现状为基础,两者结合,来探讨如何进一步完善和健全我国当前的行政问责制度。

(一)健全法律法规制度

完善的行政问责制需要一个科学、规范、操作性很强的法律法规做支撑,以保障其发挥应有的制度效应。无论是行政伦理问责还是政治问责、法律问责和行政问责,法律必将是其最终的归宿,同时也是行政伦理制度化的最终形式终点。从我国当前的问责制度建设现状来看,迫切需要从三个方面加强法律法规制度建设。第一,制定《行政问责法》,提高行政问责的法律地位和权威性,构建完整的问责法律体系。正如前所谈及的,要实现行政伦理制度化,首先必须出台一部行政伦理法一样,当前我国的行政问责急需一部完善的《行政问责法》,通过形成包括问责标准、问责程序、问责范围、问责主体、问责救济在内的,结合实际的问责法律法规,使行政问责的推行具有完善的法律体系和制度保障,真正实现行政问责的法制化、制度化、规范化。第二,修改完善相关法规、法律和政策。特别是有一些出台时间较早的法律法规,已经不适应形势发展的需要,不利于行政问责制的顺利推行。如《党政领导干部辞职暂行规定》中的一些规定与《公务员法》相矛盾,必须尽快修改,使之相互吻合一致。第三,完善公务员行政法律责任制度。行政问责在整体上需要进一步量化责任追责标准、细化惩罚责任形式、明确行政

法律责任条款,以确保问责的可执行度。第四,完善行政伦理问责制度。如前所述,行政伦理问责是一种特殊的责任,需要通过伦理立法、制定行政伦理职业标准、建立行政伦理组织等举措来进一步完善,以建立明确的行政伦理责任体系和追究方式。

(二)明确问责机构

行政伦理组织的建设是确保行政伦理问责能够执行的组织保障,其主要作用就是要有明确的伦理问责主体和伦理管理机构。要按照这个思路,在当前我国已经建立的许多的行政问责机构的基础上,进一步对机构明确职责、按照职能分类、加强协调合作。第一,对问责机构进行分类。从目前我国各种类型的行政问责制情况来看,可以把问责机构分为四类,即各级党委和政府、专门问责机构、同级党委的纪律检查机构和组织部门、业务主管部门。从行政机关内部看,可分为行政问责决定机关和行政问责实施部门等。不同类型的责任事件和责任人不可能全部交由同一个问责机构实施问责,只能对问责机构进行分类。要按照下管一级的原则、组织人事管理权限划分原则、部门内部责任部门负责的原则、专门问责机构全面组织协调的原则对问责机构进行分类,在分类的基础上清晰划分问责权限和各自承担的问责责任。第二,清晰划分不同问责机构的职责和权限。不同的问责机构在总的问责制度体系中承担着不同的职责,因此在问责制度体系总体性设计中要对各级党委和政府、专门问责机构、同级党委的纪律检查机构和组织部门以及各级政府的义务主管部门在问责中的地位、功能和作用予以进一步明确。第三,建立相互约束和协作配合机制。问责机构职权的清晰划分为问责制度体系的整体功能发挥提供了基础,但在实践中仍然可能会出现各类型专门问责制的运行各行其事、各自为政甚至相互矛盾的情况。所以,从制度设计上建立不同问责机构间的相互约束和协作配合机制就显得非常必要。

(三)科学界定问责对象

问责对象的清晰界定和责任界限的清楚划分是当前我国进一步完善行政问责制度的一个重要内容。从当前情况看,亟待解决的问题主要包括以下三个方面。第一,界定问责对象的范围,党政与各类公务问责一并开展。2009 年 7 月,中共中央和国务院联合发布了《关于实行党政领导干部问责的暂行规定》和修订后的《监察法》对此有了很完整的规定。《关于实行党政领导干部问责的暂行规定》将党政领导干部问责事宜已经纳入同一个制度之内,修订后的《监察法》已经将政府部门和工作人员之外的公务人员纳入监察对象,基本上涵盖了各类应问责对象,使得问责制度基本上解决了对象的覆盖面问题。目前行政问责制度的一大空白是党群系统各工作部门非领导干部还处在问责对象范围之外,需要进一步明确界定。虽然党纪党规比较健全,但问责制的针对性和操作性更强,纳入整体问责体系有利于问责制度的全覆盖。第二,健全政府责任体系,明确问责对象的责任范围。要按照确责、履责、督责、评责、问责五个阶段来明确其责任范围,构成一个推进行政问责制的完整链条。第三,健全岗位责任制,将问责责任落到实处。要制定科学具体的职位说明书,进一步健全岗位职责体系。尤其要对正副职之间的责任关系、民主集中后的决策、领导个人决策以及没有决策等情形下的行政责任进行明确的规定,形成明确的责任体系。

(四)明确行政问责情形

要针对行政问责中的四种责任,分类制定责任标准,明确责任后果、责任种类、问责情形、问责标准以及问责的效力等基本内容。第一,明确问责对象应承担的责任。行政伦理问责之所以难以执行,其最主要的难点就在于对何种伦理失范行为所应该承担的责任难以界定或者没有界定清楚,只有原则性的规定,导致执行不力。行政问责需要厘清《公务员法》、国家相关法律法规、党委、政府及主要部门对各级党政机关、领导干部、工作人员应当承担的纪律、法律法规责任和工作责任的相关规定的基础上,重点解决不同来源的纪律、法律法规和工作规定之间的一致性、适用性难题和过于原则性,缺少量化规定不易操作的实际困难。第二,规范问责对象承担责任的种类和方式。虽然行政问责在实践运用时可以根据责任事件的具体情况,多方面考虑并最终采取一个恰当的复合处理方式,但是,问责制的责任种类规定和处理办法或者说对象承担责任的方式规定都应当是明确的。对于法律责任、政治责任、行政责任和道德责任的构成情形应该分别给予明确的规定。第三,统一问责标准。责任条款和处理条款都细化程度不够,二者之间没有建立明确对应关系,什么责任适合或必须适用什么处理方法,处理到什么程度都没有规范化的表述。只有从对象角度完善问责制,不断追求制度的确定性、刚性和清晰化,将责任种类、程度和处理办法、程度等从过度弹性化、模糊化的状态改变为尽可能确定化、清晰化,并在二者之间建立比较固定的对应关系,才能使行政问责具有明确的标准。第四,规定处罚手段的效力及终止标志。完善行政问责制应当在各类责任事件的处理规定中清楚说明其效力边界,例如要规定处罚手段的效力及终止标志,特别是注明其时间空间范围,并在处理决定书中予以体现。一般情况下,这种效力边界并非标志着处罚什么情况下可以终止,而是要专门标明处罚什么情况下不可以被中止或覆盖。

(五)完善行政问责程序

一般而言,问责程序主要包括问责启动:发现和立案,问责调查取证和分析,问责处理:审议、定责、通知和执行,申诉复查:申诉、复查和错案纠正等四个基本环节,同时,要制定统一的问责文书。问责制进行这种细节上的完善,也将非常有利于制度的严肃性和规范化,大大增强人们对问责制的信心,从而给制度顺利实施创造良好条件。

如同为了缓解城市交通拥堵而专门出台交通事故快处快赔办法一样,对于经常容易发生的小型或轻型责任事件的问责处理,可以根据情况需要规定特殊问责程序,建立快捷问责程序。此外,为确保问责程序的公平公正公开,问责救济程序和官员复出的监督机制建设是当前我国行政问责中社会广泛关注的焦点。

(六)明确行政问责方式

对行政问责方式需要进一步统一种类,明确其内涵。如《关于实行党政领导干部问责的暂行规定》中规定有:责令公开道歉、停职检查、引咎辞职、责令辞职、免职五种问责方式;而在一些地方问责办法中有七种问责方式。种类不一,处罚不一,执行标准也不一,影响问责的严肃性,需要统一。同时,对问责方式要有明确的内涵界定。如在现行的问责规定中,多数都是将免职作为最严厉的一种,但并没有对免职的含义和使用情形做出说明。这导致在实践中免职被泛用滥用,成为代替行政处分甚至追究法律责任的挡箭牌,失去了应有的惩诫功能。同样,行政告诫和调离工作岗位两种问责方式也存在含义不明、运用功效差的问题。

如前所述,颁布行政伦理法为行政伦理问责提供了法律依据和法制保障,制订行政伦理职业标准为行政伦理问责提供了问责的具体情形,建立行政伦理组织为行政伦理问责明确了问责的主客体,这些思路和举措仅是从行政伦理责任体系构建的角度去思考行政问责。对行政伦理问责而言,一个完善的行政问责制度是行政伦理问责能够切实执行的制度和机制保障,对政府行政而言,一个科学的行政问责制度是确保政府履行全部责任的法律保障,因此,这是一个紧迫而又庞大的工程,是当前我国面临的重要任务,也是公共行政研究的重点之一。

第六章 当代中国行政伦理制度化的目标

　　行政伦理制度化是行政管理体制改革中制度建设的一个重要部分,提出这样一个问题是基于现实的需要。随着由管制型政府向服务型政府的转变,政府的政治职能在政府治理中的显性地位逐步有所淡化,国家的统治职能更多的逐渐体现在国家治理理念和治理意图通过行政执行向社会贯彻,因此公共权力由政治地位的表征不断表现为政府的公共性,公共权力逐步转化为服务的公共性力量,但是从政府本身扩张性和垄断性角度以及公共行政特殊的职业所带来的私利性弊端而言,公共服务意味着更加直接的权利关系,这样就存在以下几个问题:一是对权力的约束,即要保证权力运用的公共性目的;二是政府与社会的关系,即政府向社会提供怎样的制度供给,建立何种社会关系,实现具有多大程度能促进公民社会和公民自身发展的社会秩序;三是公务员的立场,即什么样的公务员制度和公务员队伍可以正确处理好私立与公利的关系。以上几个方面的问题归咎到底就是人的问题,对此,毛泽东曾经指出:"为什么人的问题是一个根本的问题,原则的问题"。行政伦理制度化从本质上来说其指向也是要解决人的问题,也就是说要解决人及其组织运用公共权力的正当性和适度性问题。行政伦理制度化连接伦理和制度两端,以行政组织和公务员为主体,以行政制度创新为手段,以行政伦理责任体系构建和廉洁政府建设为目的,力图促进两大目标的实现:第一,以政府德性建设为核心的好政府目标;第二,以廉洁政府和廉洁公务员为核心的廉政目标。以上两个目标可以简要归纳为"善的政府"和"善的公务员"。

第一节 以政府德性建设为核心的善政目标

早在 1788 年,被誉为美国宪法之父的詹姆斯·麦迪逊就曾经说过:"如果由天使来治理凡人的话,政府就无需内在的或者外界的制约。在规划一个由凡人来管理人的政府时,老大难的问题在于:你必须首先设法让政府能够控制被统治者,然后又强制政府去控制它自己"。① 可见,行政管理中的一个重大难题就是对行政主体自身的控制。行政伦理制度化的直接目的就是约束作为行政管理主体的行政组织和行政人员,把与权利密切相关的职业道德通过制度化的途径,规范权力运用,构建良好的权力伦理,建设有道德的政府和有道德的行政从业人员,施行有德行政。所以,行政伦理制度化的第一个目标就是以服务型政府建设为目标,以政府德性建设为核心的善政目标。

一、政府德性的内涵

"德性"一词最早出于《礼记·中庸》:"故君子尊德性而道问学。"通常情况下,德性指的是个人的品质,但是在行政管理的实践中,政府由于其主体是由组织和人构成的,所以在实践中,被认为政府也具有人格性的品质。王伟认为,行政伦理包括两个层次的内涵:一是在行政人员个体意义上,"行政伦理是指国家公务人员的行政伦理意识、行政伦理活动以及行政伦理规范现象的总和";二是在政府、行政机关群体意义上,"行政伦理是指政治体制、行政体制、行政领导集团以及行政机关或执行行政职能的其他部门,在从事诸如各种公共行政领导、决策、管理、协调、监督、控制、服务等事务中所应遵循的法律、道德与伦理的总和"。② 钱东平认为:③从行政伦理研究领域角度看,政府德性是指政府体系内各主体和要素所具备的建立在基本行

---

① 汉密尔顿:《联邦党人文集》,商务印书馆 1980 年版,第 253 页。
② 王伟:《行政伦理概述》,人民出版社 2001 年版,第 65 页。
③ 钱东平:《论政府的德性》,《南京工业大学学报(社会科学版)》2003 年 5 月,第 12—14 页。

政价值信念或取向上的道德品质;并且他认为政府德性包括行政人员的道德责任、行政组织的伦理定位、行政制度的伦理取向和行政行为的道德选择等四个方面的基本内涵。

由此可见,政府德性包括两方面的含义:一是政府行政主体表现出来的符合伦理要求的品质;二是政府行政过程中所表现出来的伦理能力品质。前者是静态的表现,后者是动态的表现。根据政府行政主体的构成,政府德性应该包括政府的组织德性和公务员个体德性两个部分。在本文中认为,行政组织德性和公务员个体德性虽然共同构成政府德性,两者之间有密切的联系,但是作为组织的德性和个人的德性是具有鲜明的区别的,因此,在探讨行政伦理制度化对政府德性的作用时,分别从行政组织德性和公务员个体德性两个方面进行研究,从而构成行政伦理制度化的组织目标和个人目标。前者是从政府组织德性的角度上来研究善的政府,亦或是好的政府;后者是从公务员个体德性的角度来研究廉洁的公务员,亦或廉政。

二、善政的内涵

善政是一个典型的伦理评价概念。何谓善的政府? 这是一个具有丰富内涵和社会发展阶段特征的概念。

在中国的传统文化中,有"德政"、"仁政"和"善政"之说。所谓"德政",就是儒家所主张的"为政以德",它包括两层意思:一是统治者是高尚德行的楷模,要用道德教化来教育和改造人民,实行德教。二是给人民恩惠或好处的意思。所谓"仁政",其含义与"德政"相近。其内容主要包括统治者要仁厚、仁慈、仁恕,作人民的仁义表率;对人民要实行仁慈的政治,切不可苛刻或残酷;与天地自然和谐相处的政治等三层意思。① 范忠信认为:至于所谓"善政",就是良善的政治,其实就是对"德政"、"仁政"的概括说法。"善政"就是给人民好处或造福于民的政治。把"德政"、"仁政"、"善政"的

---

① 参见范忠信:《超越"德政""仁政""善政"传统建设宪政》,《法学》2008 年第 4 期,第 29 页。

含义合并起来,无非是表达了三个方面的理念:一是说国家政权或执政资格来自"德"、"仁"、"善";二是说国家政权或领导人的天职或本分就是给予人民"德"、"仁"、"善";三是说对国家政治或公务人员的监督制约机制基于"德"、"仁"、"善"而建立。① 尽管这一传统思想的局限性不言而喻,但是传统意义上的善政强调人的道德的重要性,在某种意义上对权力行使的道德合法性和建立有道德的政府提出了富有哲理逻辑的思辨思路,同时也提出了许多具有可操作性的道德制度化的技术路径和对政府行政的规约路径。

新加坡政府认为,善的政府就是"好的政府",并以此为理念开展了一系列卓有成效的社会治理实践。新加坡从自身的实际情况出发,以精英主义理论为基础,以"好政府"为核心,对新加坡的经济与社会发展实施了成功治理。注重社会福利与秩序稳定、强调政府的廉洁高效是新加坡"好政府"的核心价值理念。②

在我国,党的十八大以来,随着服务型政府建设的不断深入,国家治理体系和治理能力建设成为了广泛关注的焦点。继 1960 年"四个现代化"正式确定为中国国家发展的总体战略目标,2012 年中共十八大提出"新四化"之后,习近平在十八届三中全会将全面深化改革总目标设定为"推进国家治理体系和治理能力现代化",被认为这是中国的第五个现代化。这实际上也可以看作是一种政府自身与时俱进,建设好政府、善的政府的举措。

可见,传统意义上,善的政府一词包含妥善的法则、清明的政治和良好的政令、良好的政绩、良好的管理等多层意思。但是随着公民社会建设的不断加强、政府治理理念的不断现代化和民主政治建设进程的推进,善政一词赋予了新的时代内涵。俞可平认为:"善政是通向善治的必由之路。"③这一

---

① 参见范忠信:《超越"德政""仁政""善政"传统建设宪政》,《法学》2008 年第 4 期,第 29页。

② 参见王子昌:《善政和善治:新加坡"好政府"模式的理论定位与走势》,《当代亚太》2002 年第 8 期,第 29 页。

③ 俞可平:《公正与善政》,《南昌大学学报》2007 年第 4 期,第 1 页。

经典论述是当代民主政治和建设服务型政府背景下,对善政和善治关系的高度凝练概括。现代意义上的善的政府包括两个方面:一个是善行政,一个是行善政。善行政,强调的是执政本领;行善政,强调的是执政道德。归根到底,我们所说的善的政府,其内涵应该是善政和善治的有机结合,是具有完善行政责任机制,致力于建设和谐社会,能实现公共利益最大化的责任政府和服务型政府。

三、行政伦理制度化视角下的政府德性建设

由上可见,政府德性是对政府品质形成的描述,善政是对政府所表现出来的整体伦理形象的综合判断,政府德性是善政的核心判断概念,即具有良好德性的政府就是善的政府和好的政府。行政伦理制度化对于促进政府德性形成,提高政府行政能力,构建善的政府具有以下几个方面的重要作用。

(一)形成完善的道德责任机制

建设责任政府、政府必须承担责任已经成为民主政治体制国家的一个重要标志,是公共行政民主和法治取向协调法治的产物。责任政府有政治责任、法律责任、行政责任和道德责任等四种形式的责任。美国学者特里·L.库柏在《行政伦理学:实现行政责任的途径》一书中对主观责任和客观责任的内涵进行了详细的论述,他认为:客观责任来源主要是组织的规则、政策、法律法规、社会对公职人员的期待等,具体表现为恰当的职责和义务;而与之并列主观责任则来源于内化于人心的价值观,依靠符合人们道德秩序的习惯,约束人们的行为。由此出发,库柏提出了著名的实现行政责任的两种途径:外部控制和内部控制。可见,政府责任中的政治、法律和行政属于客观责任,政府的道德责任属于主观责任,是责任政府建设的重要内容之一。

一个完善的道德责任机制应该包括伦理责任体系、伦理责任标准和伦理责任的监督评价机制。行政伦理制度化强调道德责任的明确化、标准化、法治化,寻求一种从伦理到制度,意图把行政责任中的主观责任由心性、内心自律外化为制度的途径,构建一个可量化、规范化、标准化的道德责任体

系,并通过行政伦理组织建设和行政伦理问责构成一个完整的行政道德责任机制。因此,行政伦理制度化将主观责任的道德责任客观化,有助于使政府道德责任与政府的政治责任、行政责任和法律责任一样,有法可依、有据可循,责任清晰。

在现实的政府责任实践中,正如张康之教授所说的:"正是因为长期以来人们仅仅看到了公共行政的政治职能、经济职能和社会管理职能,没有从理论上认识到公共行政的道德职能问题,因而没有找到其道德责任。"[①]当前的中国公共行政,正处于由管理型政府向服务型政府、由权力管理向制度管理、由政府行政逐渐向公民行政转型的过程,政府应当承担的社会道德责任和建立合理道德责任机制是承担社会道德责任的政府建设的前提,也是政府德性建设的核心内容和善政的重要保障,行政伦理制度化将为此提供一条有益的途径,以满足社会对行政主体合理的价值期待,实现对公共行政主体的道德责任要求,促进中国经济社会理性转型。

(二)提高政府伦理文化力

贾春峰先生最早在国内使用"文化力"概念。高占祥在《文化力》一书中创造性的提出了"文化力是软实力的核心"的重要观点。[②] 其后,有许多学者对文化力又做了更深一层次的补充和引申:认为文化力是文化中存在的力量,也是文化因素对经济发展和社会进步等所产生的效应。所谓政府伦理文化力是指政府通过履行公共行政管理职责实现国家意志、实现公共服务责任,推动经济社会发展过程中,政府伦理精神、行政主体伦理素养等伦理因素的力量的总和。政府伦理文化是行政文化的核心,政府伦理文化力是行政文化力的灵魂。

行政伦理制度化使政府伦理文化成为一种精神导引力。行政伦理制度化以公共利益至上、公正精神和责任意识为基本原则,通过伦理制度化的途径来落实这三大原则,加强政府德性建设,使政府伦理建设进入法制化的轨

---

① 张康之:《论公共行政的道德责任》(摘要),《行政论坛》2001 年 1 月总第 43 期,第 3 页。
② 参见高占祥:《文化力》,北京大学出版社 2007 年版。

道,树立良好的政府形象和伦理文化精神,增强民众对政治体制改革的认同感和心理承受能力,建立处理转型期社会各种矛盾冲突所需要的健康心态和理性认知结构;同时,通过政府德性建设,使中华民族全体民众因文化和道德认同而结合成一个和谐统一体,增强民众对政府的信心,成为全社会的一种强大精神动力。

无论是德性建设,还是善政,最后都会表现为政府的一种文化,如果从行政客体的角度出发,往往会理解为一种政府形象和政府公信力。行政伦理制度化是帮助政府实现公共行政道德责任的有效途径,只有尽职、尽责、廉洁、高效的政府,才是善政,才是有德性的政府,才是真正有公信力的政府。

(三)进一步提高了政府能力的道德整合度

在国内研究中,张康之教授从最接近政府德性理论的角度,创造性地提出了"政府能力的道德整合"理论。尽管这一观点带有道德理想主义的色彩,也有一些学者对此观点进行了一些质疑,但是对转型期的中国政府而言,政府伦理失范成为危及整个社会和政府执政基础的重要问题,强调"政府能力的道德整合"[①]和"公共行政道德化"[②]是十分有必要的。行政伦理制度化,力图界定清晰的政府道德责任、培育良好的政府主体道德素质、实施人本化的行政过程,使政府伦理道德作用更多地体现为一种品性,一种支撑行政过程合法性和合理性的善政,其实质可以理解为是一种政府道德责任的实现方式和政府道德能力的体现。

第二节 以公务员职业道德建设为基础的廉政目标

如果说以政府德性建设为核心的善政建设,是行政伦理制度化要力图实现的公共行政组织伦理目标的话,那么,行政伦理制度化要致力于实现的

---

① 张康之:《行政改革提升政府能力的道德分析》,《中共中央党校学报》2001 年第 5 期,第 108 页。

② 张康之:《寻找公共行政的伦理视角》,中国人民大学出版社 2002 年版。

另一个重要目标就是要力求培养廉洁的公务员。德性政府和廉洁公务员共同构成负责任的公共行政主体。

一、行政伦理制度化：公务员道德底线的保证

当代中国，公共行政主体最重要的道德底线就是廉洁，对于政府整体而言就是廉政。廉政即廉洁地行政，亦或廉洁的行政行为。前者强调的是公共行政的属人性，强调公务员作为公职人员的"官德"；后者强调公共行政行为的结果，是对政府的一种价值评价。廉政作为公共行政领域中特定的社会关系和伦理关系，在公共行政领域，尤其在行政伦理观中具有基础性的价值定位。① 行政伦理制度化把公共行政领域最基本、最具有一致认同性的职业伦理要求制度化，主张通过行政伦理职业标准的制定，使把包括廉洁行政在内的伦理责任具体化，贯彻到具体的行政过程中，使伦理道德获得制度的支持，确保廉洁作为行政主体最基本要求的责任化，保障公务员的道德底线，使廉洁成为政府公共行政的价值追求目标。

行政伦理制度化立足于从职业伦理关系和社会基本关系的角度出发，来界定廉洁道德底线责任。公务员亦即行政管理人员，在公共行政领域中，公务员是指各级行政首长和普通公务员，而这些人在社会关系上又是属于公民范畴，是公共行政管理的客体之一。所以，廉政对于公务员而言，是作为一种职业社会关系和职业伦理关系而界定的。公共行政人员的职业特性决定其特有的职业伦理道德，公共行政人员的社会关系属性，即公民身份，决定其社会人的普遍伦理品质。廉政是公务员作为公共权力委托行使人的职业道德，但是，由于公务员首先是社会的公民，其公民身份所决定的公民道德，无疑会影响和渗透到职业道德中去，并由于社会角色的转换而产生相互作用，所以，廉政有着公共行政职业和公民身份两个方面的规定。

行政伦理制度化是立足于基本职业要求的制度化。廉政是公务员必备的职业伦理观，是个体职业道德底线。威尔逊在其《行政学研究》中指出：

① 王伟：《行政伦理概述》，人民出版社2001年版，第82—83页。

"在任何情况下,我们都必须有一支受过充分训练的官员以良好的态度为我们服务:这显然是一种工作上的需要。"①、"……具有坚定而强烈的忠诚。这种态度在各个方面都没有官僚作风的污点。"②威尔逊作为政治与行政二分法的原倡者和公共行政成为独立学科的奠基人,从一开始就关注到了公务员的素质问题。究其实质,公务员职业道德的核心在于行政忠诚和行政职责两个方面。行政忠诚在以公正、廉洁、奉公、勤政为主要内容的公共行政道德系统中居于基础性的地位,是一种行政价值和行政理念的存在,其核心是忠诚于行政职责。③ 所以,行政伦理制度化,从行政职业关系出发,把廉洁公正作为当代中国公务员最起码的职业准入道德素质和必备的职业精神。

行政伦理制度化把行政主体还原于社会基本关系中去考察廉政的道德结构。职业起源于社会分工,职业人来源于社会人,现代社会,每一个人首先是公民,公务员也不例外。这样,在公务员个体道德结构中就存在着公共行政职业道德和公民道德两个层次。作为稳定的道德品质,表现在公民身份的日常生活和职业公共生活中的道德现象,二者之间是相辅相成、互相影响的关系。公民道德是职业道德的基础和支点,职业道德是公民道德在职业范畴内的行业特色体现,并逐渐沉淀到个体道德结构中。廉政作为公务员职业道德的底线,延伸到公务员的公民道德就是以平等、正义、守法、自律等公民道德作为其个体道德结构的基本内容和表征,成为职业道德的基础;反之公民道德进入公务员的职业领域,就要上升到公共行政的要求,必须做到廉洁行政,体现其行业特点。所以,从这一意义上说,公共行政伦理是公共伦理与私人伦理在主体性上的行政生活结构内的价值回归与评价,公务员的道德体系是公共行政道德与公民道德在社会人主体上的道德品质的双向沉淀。

---

① 威尔逊:《行政学研究》,《国外政治学》1998 年第 1 期,第 48 页。
② 威尔逊:《行政学研究》,《国外政治学》1998 年第 1 期,第 48 页。
③ 参见李兰芬:《当代中国德治研究》,人民出版社 2008 年版,第 264—265 页。

二、行政伦理制度化：实现廉政公共行政价值目标的有效途径

价值判断和价值选择是政府分析和推行政务的核心问题。① 行政伦理制度化，通过以下三个方面来反映公共行政的廉政价值取向。

（一）行政伦理制度化确立了公共利益至上的基本原则

政府通过公共行政的公共性来体现其承担公共事务、维护公共秩序、保证公共安全、承担公共责任、满足公共需求的服务本质属性。公共服务性是政府的本质。行政伦理制度化把政府公共性作为政府分析和推行政务的首要价值判断和价值选择，于其中，又把廉政价值作为基础性价值和全体社会公民对公共服务的基础性价值诉求。其核心要义是公共利益至上。行政伦理制度化从现代政府公共性服务是其首要职能的推定出发，通过行政伦理制度化途径，伦理与制度双管齐下，确保行政主体在内心信念和行政实践中树立公共利益至上的职业准则，建立公平服务、公正服务、科学服务的现代政府公共服务体系。同时，行政伦理制度化所确立的公共利益至上原则还有一个重要的含义，即公共行政主体要以满足公民和社会需要为己任，把政府对社会和公民公共需求的满足能力作为政府治理能力和行政主体行政能力的重要评价标准。因此，行政伦理制度化秉持公共利益至上原则，其目的不仅是通过制度创新来提高行政主体的伦理道德素质，规约伦理失范，而且是要提高政府伦理管理能力和整体行政能力。

（二）行政伦理制度化强调行政主体道德责任的制度化

行政伦理制度化主张道德责任制度化、标准化和法律化，其主要目的有两个：一是使行政主体在面临多重价值冲突且不可兼得的情况下，把责任作为处理冲突的原则；二是建立一个负责任的管理模式，这种管理模式使政府服务在责任机制的约束下不至于背离公共服务的宗旨。

在现代社会中，负责任的管理模式体现在廉政上的一个重要表现就是对行政自由裁量权的合理合法运用。库柏认为："如果说后现代社会中的行

---

① 张国庆：《公共行政学》（第三版），北京大学出版社 2007 年版，第 6 页。

政角色具有本质上的不可避免的政治性和严重的自由裁量权,那么就必须承认伦理关怀的重要性。例如,利用内、外两大部类的政治性交往和相互作用,我们可以区分出与之相关的三种伦理关怀类型:腐败、失效与权力滥用。"①与库柏所列举的三种关怀类型相对应,我们可以从负责任的行政管理模式出发,可以把廉政理解为三种伦理追求价值:廉洁、效率和公正。行政伦理制度化强调行政主体道德责任的制度化,可以使行政主体的自由裁量权责任主体化和责任化,把合法合理运用行政自由裁量权,以行政效率和社会效益为基本考量标准,建设廉洁政府、效率政府和公正政府。这既是行政自由裁量权合理合法运用的伦理价值标准,也是负责任的政府所追求的正义价值。

(三)行政伦理制度化致力于培养公务员的道德素质

公务员在系列公共事务活动中所秉持的公共行政职业素质和职业水准是公共行政能否保持其公共性的关键因素。公共行政的公共性本质,涉及公共行政领域的公正、公平、公民精神、自由裁量权等诸多问题,行政伦理制度化在当代公共行政动荡的变革环境下,在政治、价值与伦理方面进行恰当的定位的基础上,来构建公务员应当遵循的价值规范与伦理准则,以保证建立现代民主政府和政府治理的有效性。美国公共行政领域的著名专家弗雷德里克森教授在其《公共行政的精神》一书中提出了"距离悖论"这一概念,用以描述公共行政人员与社会和公民的关系:"人们相信或者崇敬离他们近的政府官员,而认为离他们远的政府官员则是懒惰、不称职和不诚实的。"②也就是说,公民对"身边政府"认识产生的一个重要来源就是对身边公共行政人员的认知感。廉洁政府对于公众来说,廉洁的公务员在很多的时候代表的就是廉洁的政府。行政伦理制度化重视公务员道德素养和职业能力的培养,用行政伦理制度化的方式培养廉洁公务员,并通过公务员的道德操守

---

① 特里·L.库柏:《行政伦理学:实现行政责任的途径》,张秀琴译,中国人民大学出版社2002年版,第43页。

② 乔治·弗雷德里克森:《公共行政的精神》第1版,张成福等译:中国人民大学出版社2003年版,第23页。

和职业能力向社会传递道德感染力、职业认同,建立政府公信力。

三、行政伦理制度化:探索权力制衡的新途径

贪污腐败、行贿受贿、权钱交易、失职渎职等腐败问题是当今世界各国面临的共同问题,腐败行为无不与"滥用权力"、"权力腐败"紧相关联。如何有效地遏制权力失范,建设廉洁政府也是当前中国政府面临的重要任务。17世纪法国著名政治学家孟德斯鸠归纳了权力学的第一原理:"一切有权力的人容易滥用权力,这是万古不易的一条经验。有权力的人们使用权力一直到遇有界限的地方才休止。"①行政伦理制度化力求通过伦理与制度相结合的道路,树立正确的权力伦理观,构建有效的权力制衡机制,建设廉洁高效的现代政府。其作用体现在三个方面:

(一)加强对行政主体的伦理和制度约束,促进权力伦理观的形成

所谓权力道德就是在行政管理工作中适应行政管理职业的需要、适应权力的使用和行使的需要而产生的道德规范,是社会占主导地位的道德或阶级的道德在行政管理中和权力使用过程中的具体体现,是行政公职人员在履行行政工作职责过程中运用权力所应遵循的行为规范和道德准则的总和。② 行政伦理制度化通过两个方面来促进权力伦理观的形成:一是行政伦理制度化实际是对最能体现权力本质和权力使用的道德规范的制度化。通过对这些基本行政职业伦理的选择性制度化,因此,行政伦理制度化实际上是对行政权力规范的凝练和权力伦理的制度化建设,它把隐含的权力伦理观念变为了显性的权力伦理制度,既约束行政主体的权力使用,也是对行政主体的权力伦理教育,促进正确的行政权力观的形成;二是行政伦理制度化强调对行政主体的伦理(内)和制度(外)的双重约束,伦理制度化的设计路径,既巩固了行政伦理职业关系,又使行政主体的一切权力行为具有制度化的、明确的道德义务和责任,自律与他律结合,有利于行政主体形成正确

---

① 孟德斯鸠:《论法的精神》,商务印书馆1961年版,第154页。
② 孟昭武,《行政伦理建设的实质是权力伦理建设》,《求索》2002年6月,第154页。

的权力观。

(二)为行政主体处理伦理冲突提供了制度化的伦理依据

无论是作为组织的行政主体还是作为个体的行政主体,在权力行使中都会面临着自由裁量权的问题,在法律和制度适用上的自由裁量权,不仅考量主体的专业素养,更考验主体的伦理价值观和对职业履行的公正度;尤其在面临伦理困境时,行政主体依据何种标准来行使权力,是公共管理实务中常常会遇到的现实问题。行政伦理制度化主张行政伦理立法,建设行政伦理职业标准,前者为行政主体处理伦理冲突提供了法律支持,后者为行政主体提供了明确的制度化的伦理行为规范,使行政主体一切基于公共权力实施的行为都受到伦理制度的约束,对违反伦理制度化的行为具有明确的惩戒性规定,使行政过程中面临的伦理冲突有法可依,使权力运用中的伦理责任和其他责任一样具有制度化的制衡机制。

(三)行政伦理制度化建立了有效的伦理责任制约机制

如果说腐败的本质是公共权力异化,是权力运用与行政责任承担之间严重失衡的话,那么廉政就是公共行政权力运用与责任承担合法、合理、合情的完美配置,是对公共权力私化的防微杜渐,是公共行政的基础。[①] 建立行政伦理组织和加强行政问责,是行政伦理制度化为保障行政主体伦理责任落实而主张建立的专门的政府伦理机构和政府伦理问责机制,与行政立法和行政伦理职业标准一起,共同构成一个完整的行政伦理责任保障机制。当然,一切由公共权力使用产生的伦理责任,都应该概不例外地受到这一机制的制约。

---

① 王松梅、张震:《中国转型时期加强行政伦理建设的必要性探析》,《社科纵横》2007 年第 4 期,第 55 页。

主要参考文献

一、著作类

1. 杨光斌：《中国政府与政治导论》，中国人民大学出版社 2003 年版。

2. 陈振明主编：《公共管理学》，中国人民大学出版社 2005 年版。

3. 崔运武：《公共事业管理概论》（第二版），高等教育出版社 2006 年版。

4. 谢庆奎：《政治改革与政府创新》，中信出版社 2003 年版。

5. 朱光磊：《当代中国政府过程》，天津人民出版社 2002 年版。

6. 浦兴祖主编：《中华人民共和国政治制度》，上海人民出版社 1999 年版。

7. 颜廷锐等编著：《中国行政体制改革问题报告》，中国发展出版社 2004 年版。

8. 亨廷顿：《变动社会中的政治秩序》，华夏出版社 1988 年版。

9. 周光辉：《论公共权力的合法性》，吉林出版集团有限责任公司 2007 年版。

10. 张康之：《公共行政学》，经济科学出版社 2002 年版。

11. 薛刚凌主编：《行政体制改革研究》，北京大学出版社 2006 年版。

12. 李建德：《经济制度演进大纲》，中国财政经济出版社 2000 年版。

13. 杨瑞龙：《面对制度之规》，中国发展出版社 2000 年版。

14. 高力：《公共伦理学》，高等教育出版社 2002 年版。

15. 张康之、李传军：《行政伦理学教程》，中国人民大学出版社 2004 年版。

16. 特里·L. 库珀:《行政伦理学:实现行政责任的途径》(第四版),中国人民出版社2001版。

17. 王伟:《行政伦理概述》,人民出版社2001年版。

18. 罗德刚等:《行政伦理的理论与实践研究》,国家行政学院出版社2002年版。

19. 张康之:《寻找公共行政的伦理视角》,中国人民大学出版社2002年版。

20. 唐代兴:《公正伦理与制度道德》,人民出版社2003年版。

21. 戴维·奥斯本、特勒·盖布勒:《公共政府:企业精神如何改革着公营部门》,上海译文出版社1996年版。

22. 约翰·罗尔斯:《正义论》,中国社会科学出版社1998年版。

23. 托克维尔:《论美国的民主》(上、下卷),上午印书馆1988年版。

24. A. 麦金泰尔:《德性之后》,中国社会科学出版社1995年版。

25. 爱弥尔·涂尔干:《职业伦理与公民道德》,上海人民出版社2001年版。

26. 肖雪慧:《守望良知—新伦理文化视野》,辽宁人民出版社1998年版。

27. 乔治·弗雷德里克森:《公共行政的精神》,中国人民出版社2003年版。

28. 韦伯:《论经济与社会中的法律》,中国大百科全书出版社1998年版。

29. 丹尼尔·W. 布罗姆利:《经济利益与经济制度——公共政策的理论基础》,上海三联书店,上海人民出版社1996年版。

30. H. G. 弗雷德里克森:《公共行政的精神》,中国人民大学出版社2003年版。

31. 李建华:《中国官德》,四川人民出版社2000版。

32. 孟德斯鸠:《论法的精神》,商务印书馆1961年版。

33. 李春成:《行政人的德性与实践》,复旦大学出版社2003年版。

34. 石文龙:《法伦理学》,中国法制出版社2006年版。

35. 慈继伟:《正义的两面》,三联书店2001年版。

36. 博登海默:《法理学—法哲学及其方法》,邓正来译,华夏出版社1987版。

37. 姜如海:《中外公务员制度比较》,商务印书馆2003年版。

38. 鲍桑葵:《关于国家的哲学理论》,商务印书馆1995年版。

39. 洛克:《政府论》,商务印书馆1992年版。

40. 丁煌:《西方行政学说史》,武汉大学出版社1999年版。

41. 王沪宁:《行政生态学》,复旦大学出版社1988年版。

42. 世界银行:《1997年世界发展报告——变革世界中的政府》,中国财政经济出版社1997年版。

43. Rohrj. Ethics for Bureaucrats An Essayon Lawand Values. NewYork: Marcel Dekker,1989.

44. Coopertl. An Ethic of Citizenship for Public Administration. Englewood Cliffs,NJ:PrenticeHall,1991.

45. 王伟等:《行政伦理概述》,人民出版社2001年版。

46. 珍妮特·登哈特、罗伯特·登哈特:《新公共服务:服务而不是掌舵》,丁煌译,中国人民大学出版社2004年版。

47. Rohrj. Ethics for Bureaucrats:An Essay on Law and Values[M]. NewYork:Marcel Dekker,1989

48. Coopertl. An Ethic of Citizenship for Public Administration[M]. Englewood Cliffs,NJ:Prentice Hall,1991.

49. An Scombegem. Modern Moral Philosophy[J]. Philosophy,1958.

50. Hartdk. The Moral Exemplarin an Organizational Society[M] Character and Leadership in Government. San Francisco:Jossey – Bass Publishers,1992.

51. Kuppermanjj. Character[M]. Oxford:Oxford University Press,1991.

52. 朱卫卿:《论共和主义政治权力观的演变》,贵州社会科学,人民出版社 2008 年版。

53. 汪玉凯等:《中国行政体制改革 30 年回顾与展望》,人民出版社 2008 年版。

54. A. 塞森斯格:《价值与义务》,中国人民大学出版社 1992 年版。

55. 诺顿朗:《权力和行政管理》,李方等译,中国社会科学出版社 1988 年版。

56. 周奋进:《转型期的行政伦理》,中国审计出版社 2000 年版。

57. 斯蒂尔曼:《公共行政学》,李方等译,中国社会科学出版社 1988 年版。

58. 马庆钰:《中国行政改革前沿视点》,中国人民出版社 2008 年版。

59. 王伟、鄯爱红:《行政伦理学》,人民出版社 2005 年版。

60. 余玉花、杨芳:《公共行政伦理学》,上海交通大学出版社 2007 年版。

61. 郭夏娟:《公共行政伦理学》,浙江大学出版社 2003 年版。

62. 张国庆主编:《行政伦理学概论》,北京大学出版社 2000 年版。

63. 邹东涛主编:《中国经济发展和体制改革报告 No.1》,社会科学文献出版社 2008 年版。

64. 李兰芬:《当代中国德治研究》,人民出版社 2008 年版。

二、论文类

1. 王沪宁:《论中国产生政治腐败现象的特殊条件》,《上海社会科学院学术季刊》1989 年第 3 期。

2. 吴美华:《惩治和预防腐败:教育、制度、监督并重》,《高校理论战线》2004 年第 4 期。

3. 余涌:《道德权利和道德义务的相关性问题》,《哲学研究》2000 年第 10 期。

4. 葛晨虹:《建立道德奉献与道德回报机制》,《道德与文明》2001 年第 3 期。

5. 冯春芳:《论行政伦理建设中的制度安排》,《云南行政学院学报》

2005 年第 5 期。

6. 王淑芹：《道德法律正当性的法哲学分析》，《哲学动态》2007 年第 9 期。

7. 程秀波：《道德法律化的根据与界限》，《河南师范大学学报》2005 年第 4 期。

8. 祝建兵：《试论行政伦理法制化建设》，《皖西学院学报》2002 年第 6 期。

9. 李丽：《论行政伦理建设》，《湖南大学学报》2001 年第 1 期。

10. 赵芸霄：《我国行政伦理法制化回顾与展望》，《成都行政学院学报》2008 年第 5 期。

11. 陈奇彪：《行政伦理道德法制化》，《行政与法》2004 年第 3 期。

12. 熊水龙：《试论我国转型期的行政道德建设》，《行政论坛》2002 年总第 52 期。

13. 朱岚：《关于行政道德立法问题的思考》，《兰州学刊》2004 年第 6 期。

14. 李靖、邱琳：《制度建设：当代中国行政道德建设的保障》，《长春市委党校学报》2001 年第 1 期。

15. 普永贵：《行政伦理道德制度化：公务员角色和责任实现的必然》，《天水行政学院学报》2008 年第 1 期。

16. 祝丽生：《困境与路径选择——论我国公务员行政伦理建设》，《理论探讨》2006 年第 5 期。

17. 王伟：《关于加强行政伦理法制建设的建议》，《人民论坛》2010 年 4 月。

18. 蒋云根：《以德行政与行政伦理道德法制化建设》，《广东行政学院学报》2007 年第 8 期。

19. 喻婷婷：《行政伦理制度化——公共权力制约的新途径探讨》，《消费导刊》2007 年第 4 期。

20. 张海东：《从发展道路到社会质量：社会发展研究的范式转换》，《新华文摘》2010 年第 14 期。

21. 丁秋玲:《行政范式转化与公共行政伦理的发展》,《孝感学院学报》2007 年 1 月 27 卷 1 期。

22. 王云萍:《当代西方公共行政伦理的规范性基础探讨——以美德视角及其启示为中心》,《厦门大学学报》2007 年第 2 期。

23. 覃志红:《制度伦理研究综述》,《河北师范大学学报》2002 年第 3 期。

24. 施惠玲:《制度伦理研究论纲》,北京师范大学出版社 2003 年版,第 179 页。

25. 陈江:《重构行政伦理体系——一种强力制约行政腐败的隐性途径》,《中共云南省委党校学报》2006 年第 1 期。

26. 张薇:《行政道德建设中的制度伦理向度》,《中国行政管理》2003 年第 4 期。

27. 袁雅莎:《行政制度伦理建设的意义与途径》,《南部学坛》2006 年第 3 期。

28. 朱岚:《关于行政道德立法问题的思考》,《兰州学刊》2004 年第 6 期。

29. 李靖、邱琳:《制度建设:当代中国行政道德建设的保障》,《长春市委党校学报》2001 年第 1 期。

30. 祝建兵:《试论行政伦理法制化建设》,《皖西学院学报》2002 年第 12 期。

31. 贺培育、侯巍:《行政道德制度化研究现状及述评》,《文史博览》2007 年第 12 期。

32. 唐凯麟、曹刚:《论道德的法律支持及其限度》,《哲学研究》2000 年第 4 期。

33. 唐志君:《论行政伦理建设的价值取向》,《行政论坛》2001 年第 3 期。

34. 王锋等:《国内行政伦理研究综述》,《哲学动态》2003 年第 11 期。

35. 张治忠、马纯红：《当代中国行政价值观建构论纲》，《河北学刊》2009 年 7 月第 29 卷第 4 期。

36. 刘余莉：《美德与规则的统一兼评儒家伦理是美德伦理的观点》，《齐鲁学刊》2005 年第 4 期。

37. 张治忠：《当代中国行政价值观的规范体系》，《文史博览（理论）》2008 年 11 月。

38. 陈应春：《道德制度化、法律化——制度伦理建设的有效途径》，《长江大学学报（社会科学版）》2007 年 10 月第 30 卷第 5 期。

39. 石建峰：《道德制度化探析》，《理论导刊》2002 年第 2 期。

40. 王文：《浅析行业协会的作用》，《国际公关》2005 年第 4 期。

41. 张康之：《公共行政道德化的双重向度》，《北京行政学院学报》2001 年第 2 期。

42. 张国庆：《公共行政典则规范更新替代与政府行政制度创新》，《复旦大学学报（社会科学版）》2002 年第 2 期。

43. 陈文申：《试论国家在制度创新过程中的基本功能——诺斯悖论的理论逻辑解析》，《北京大学学报（哲学社会科学版）》2000 年第 1 期。

44. 刘可风：《论中国行政伦理问题及其实质》，《武汉大学学报（人文科学版）》2003 年 5 月第 56 卷第 3 期。

45. 洪艳：《浅析我国行政伦理制度化建设的途径》，《今日南国》2008 年 2 月。

46. 王文科、韩铁军：《行政伦理》，国家行政学院出版社 2005 年版。

47. 徐汝华：《行政伦理重构的制度化路径与实施机制》，《辽宁行政学院学报》2007 年第 8 期。

48. 胡桃子：《行政伦理建设——抑制行政腐败的有效途径》，《法制与社会》2007 年第 3 期。

49. 严明明：《浅谈制度伦理建设》，《长春教育学院学报》2006 年第 3 期。

50. 朱歌幸：《公共行政伦理与伦理制度建设》，《湖南税务高等专科学校学报》2007年第1期。

51.陈刚:《公共行政的伦理建构模式》,《天中学刊》2007年第6期。

52.李萍:《行政伦理与行政道德》,《河南师范大学学报》2007年第5期。

53.董建新:《制度与制度文明》,《暨南学报(社科版)》1998年第1期。

54.张薇:《行政道德建设中的制度伦理向度》,《中国行政管理》2003年第4期。

55.李小兰、曾盛聪:《行政伦理的价值基础与实现机制》,《理论与现代化》2000年第3期。

56.刘尚毅:《中国社会转型时期行政伦理建设的实践途径》,《赣南师范学院学报》2002年第2期。

57.胡伟、王世雄:《构建面向现代化的政府权力——中国行政体制改革理论研究》,《政治学研究》1999年9月。

58.范忠信:《超越"德政""仁政""善政"传统建设宪政》,《法学》2008年第4期。

59.俞可平:《公正与善政》,《南昌大学学报》2007年第4期。

60.于晓光:《论我国行政问责制的法律缺陷及制度完善》,《长春理工大学学报(社会科学版)》2008年第5期。

61.孟昭武:《行政伦理建设的实质是权力伦理建设》,《求索》2002年6月。

62.吴秀莲:《制度的伦理界定》,《实事求是》2007年第1期。

63.魏磊、李建华:《伦理学研究方法新探》,《学习与探索》1986年第4期。

64.高晓红:《政府组织的政治使命与伦理内涵》,《江海学刊》2007年第2期。

65.许淑萍:《关于在我国建立行政伦理组织的思考》,《黑龙江社会科学》2006年第6期。

66.施雪华:《"服务型政府"的基本涵义、理论基础和建构条件》,《社会科学》2010 年第 2 期。

67. 叶皓：《应把媒体民意调查引入政府决策机制之中》，《新华文摘》2011 年第 2 期。

68. 高振华：《告诉你一个真实的政府——简评〈中国传统政府行政的逻辑〉》，《资料通讯》2005 年第 10 期。

69. 王正平：《当代美国行政伦理的理论与实践》，《伦理学研究》2003 年第 4 期。

70. 龚超：《制度伦理评价的基本内容》，《湖北社会科学》2007 年第 3 期。

71. 梁禹祥、南敬伟：《诠释制度伦理》，《道德与文明》1998 年第 3 期。

72. 钱东平：《论政府的德性》，南京师范大学博士论文 2004 年 5 月。